中国旅游业普通高等教育应用型规划教材

茶艺与茶文化

主 编 李 岚 王 婧

副主编 张伟强 杨 晶

中国旅游出版社

项目策划：段向民
责任编辑：张芸艳
责任印制：孙颖慧
封面设计：武爱听

图书在版编目（CIP）数据

茶艺与茶文化 / 李岚，王婧主编．-- 北京 ： 中国
旅游出版社，2021.6（2023.7 重印）
中国旅游业普通高等教育应用型规划教材
ISBN 978-7-5032-6627-0

Ⅰ．①茶… Ⅱ．①李… ②王… Ⅲ．①茶艺－中国－
高等学校－教材②茶文化－中国－高等学校－教材 Ⅳ．
① TS971.21

中国版本图书馆 CIP 数据核字（2020）第 242103 号

书　　　名：茶艺与茶文化

作　　　者：李 岚　王 婧　主编
出版发行：中国旅游出版社
　　　　　（北京静安东里6号　邮编：100028）
　　　　　http://www.cttp.net.cn　E-mail:cttp@mct.gov.cn
　　　　　营销中心电话：010-57377103，010-57377106
　　　　　读者服务部电话：010-57377107
排　　　版：北京旅教文化传播有限公司
经　　　销：全国各地新华书店
印　　　刷：北京工商事务印刷有限公司
版　　　次：2021年6月第1版　2023年7月第5次印刷
开　　　本：787毫米×1092毫米　1/16
印　　　张：9.75
字　　　数：205千
定　　　价：36.80元
Ｉ Ｓ Ｂ Ｎ　978-7-5032-6627-0

前　言

中国是茶的故乡。随着我国经济与茶业的发展，以六大基本茶类为中心，具有地方民族特色、推动民族经济文化发展的中国茶文化逐步形成和发展。中国茶文化的内涵，也伴随其诞生和发展，并不断丰富和充实，成为联系民族、经济、文化等各方面的纽带。中国茶文化承载着中华民族深沉的精神追求，对延续和发展中华文明、促进国家实施"一带一路"倡议及人类文明进步发挥着重要作用。

以茶会友、以茶待客、以茶作礼、以茶入乐、以茶入诗，促进了中国茶文化的发展，使茶文化与中国各族人民的生产、生活融为一体。"茶艺与茶文化"课程走进校园，有利于弘扬中华传统文化，有利于学生的身心健康。通过对中国茶的全面系统了解和相关实训活动，让学生在实践中"学知识、学技艺、学做人"，以茶敬客、以茶雅志、以茶明理、以茶修德，有利于学生自身综合素养和能力的提高和发展。

本教材由云南财经大学李岚、王婧担任主编，云南旅游职业学院张伟强、临观堂茶文化机构创办人杨晶担任副主编，是各位编者在多年教学、茶艺师考评经验的基础上博采众长，针对各类大学、职业院校相关专业所开设的茶艺与茶文化相关课程而编写的。

教材分为上下两篇，共八个任务。上篇为理论基础，包括中国茶文化（张伟强执笔）、茶叶基础知识（杨晶执笔）、茶艺基础知识（杨晶执笔）、茶叶的选购与储存（王婧执笔）、茶与健康（王婧执笔）；下篇为茶艺实训，包括茶艺师的修养与茶艺礼仪（李岚执笔）、茶叶冲泡基础（杨晶执笔）及茶艺表演设计（胡甜执笔）。为了方便广大教师的实际教学活动，本书还创新地编写了配套的学生使用实训手册（李岚执笔），既能促进学生更好地掌握该课程的相关内容，也可以帮助教师切实掌握教与学的效果。书中文字表述简洁明了，内容编排翔实全面，具有科学性、知识性、实用性、创新性等特点，适合作为茶艺基础、茶艺与茶文化等课程的配套教材使用，也可以供茶文化爱好者学习。

由于编者水平所限，疏漏之处在所难免，欢迎各位业界专家、学者提出宝贵意见。

李　岚

2021 年 3 月

目 录

上篇 理论基础

任务一 中国茶文化 ·· 3
    第一节 中国茶文化的含义、构成及社会功能 ·············· 3
    第二节 中国茶文化的发展历史 ····························· 6
    第三节 中国各民族的饮茶习俗 ····························· 8
    第四节 茶与文学艺术 ····································· 14

任务二 茶叶基础知识 ··· 32
    第一节 茶树的起源与形态 ······························· 32
    第二节 中国茶叶的分类与品质特点 ······················ 35
    第三节 茶叶品质的鉴别 ··································· 41

任务三 茶艺基础知识 ··· 46
    第一节 茶艺的发展历史 ··································· 46
    第二节 茶艺的分类 ······································· 48
    第三节 茶艺要素 ··· 50

任务四 茶叶的选购和储存 ·· 53
    第一节 茶叶的选购 ······································· 53
    第二节 茶叶的储存 ······································· 56

任务五 茶与健康 ··· 60
    第一节 茶叶主要保健成分 ································· 61
    第二节 茶叶的保健功效 ··································· 64
    第三节 茶叶的食疗保健 ··································· 71

茶艺与茶文化

下篇　茶艺实训

任务六　茶艺师的修养与茶艺礼仪 77
第一节　茶艺师的修养 77
第二节　茶艺礼仪 80

任务七　茶叶冲泡基础 87
第一节　茶叶冲泡要领 87
第二节　茶具的种类及特点 89
第三节　泡茶用水的分类及选择标准 93
第四节　玻璃杯、盖碗、紫砂壶泡茶的基本要领 98
第五节　茶类冲泡技艺 99

任务八　茶艺表演设计 110
第一节　茶艺表演题材 111
第二节　茶艺表演语言和文案的编写 112
第三节　茶艺表演服装的选择与搭配 113
第四节　茶艺表演音乐的选择 114
第五节　茶席设计 115
第六节　茶艺表演赏析 120

参考文献 133
《茶艺与茶文化》实训手册 134

上篇

理论基础

任务一　中国茶文化

【学习目标】

1. 了解中国茶文化的内涵及构成。
2. 掌握与中国茶文化相关的历史事件和历史人物。
3. 掌握中国各民族的饮茶习俗及文化内涵。
4. 了解中国茶文化与中国文化传统以及与其他艺术形式的关系。

【学习重点】

1. 中国茶文化的内涵、构成及社会功能。
2. 中国茶文化的发展历史。
3. 中国各民族的饮茶习俗。
4. 茶与文学艺术。

【案例导入】

　　某高校在筹备纪念建校 55 周年的系列活动时，结合当地茶产业和茶文化蓬勃发展的现状，组织茶艺表演队为返校嘉宾举行专场茶艺表演，不仅为嘉宾提供了品饮当地名茶的机会，而且欣赏了具有特色的茶艺表演，感受到茶文化的熏陶，可谓一举多得。活动得到了嘉宾们的一致好评，有嘉宾留言说，专场茶艺表演体现了母校深厚的文化底蕴，让人们在轻松愉悦的氛围中感受到了茶文化的魅力。这是一次宣传茶文化的成功案例。

第一节　中国茶文化的含义、构成及社会功能

一、中国茶文化的含义

茶文化是中华民族优秀传统文化的组成部分，中国的茶叶生产和饮用已经有几千年

的历史，在利用茶叶的过程中，我们的祖先赋予了茶丰富的内涵，使茶成为传播民族文化的载体。

文化有广义和狭义之分，同理，茶文化也有广义和狭义之分。广义的茶文化就是人类社会所创造的一切与茶有关的物质财富和精神财富。狭义的茶文化则是人们在茶叶生产和消费过程中所形成的社会行为规范、价值观念和审美情趣。

由于中国茶文化的内容十分丰富，涉及各个历史时期的政治、经济、文化范畴，包罗哲学、历史学、文献学、考古学、民族学、民俗学、植物学、文学、艺术等学科。就茶艺学习而言，我们主要学习茶叶知识、饮用知识、茶具知识、饮茶习俗、茶与宗教、茶与文学艺术等内容。

二、中国茶文化的构成

茶文化由物态文化、制度文化、行为文化和心态文化四个层次组成。了解这四个层次，有助于我们认识茶文化。

其一，物态文化层。即人们从事茶叶生产的活动方式和产品的总和。既包括茶叶的栽培、制造、加工、保存、化学成分及疗效研究等，也包括品茶时所使用的茶叶、水、茶具以及桌椅、茶室等看得见、摸得着的物品和建筑物。

其二，制度文化层。是人们在从事茶叶生产和消费过程中所形成的社会行为规范，如古代的茶政，包括纳贡、税收、专卖、内销、外贸等。

其三，行为文化层。人们在茶叶生产和消费过程中约定俗成的行为模式，通常以茶礼、茶俗以及茶艺等形式表现出来。

其四，心态文化层。是人们在茶叶生产和消费过程中所孕育出来的价值观念、审美情趣，在茶艺操作过程中所追求的意境和韵味，以及由此生发的丰富联想；反映茶叶生产、茶区生活、饮茶情趣的文艺作品；将饮茶与人生处世哲学相结合，上升至哲理高度，形成所谓茶德、茶道等。这是茶文化的最高层次，也是茶文化的核心部分。

三、茶文化的社会功能

茶文化是茶叶在被人类应用过程中所产生的文化现象和社会现象。它已成为我国社会生活中不可或缺的有机组成部分，几千年来对人们的生活、经济、文化甚至政治各个方面都产生了非常深刻的影响。在当今的中国社会生活中，依然发挥着重要的作用，主要表现在经济、社会、文化三个方面。

第一，从经济的角度来看，茶文化对经济的作用是促进茶业的发展。早在唐代，由于饮茶之风的盛行，导致社会茶叶消费量的增长，茶叶生产、贸易发达，成为国家重要的经济活动，茶税也就成为国家财政收入的主要来源之一。在现代社会中，传播茶文化对茶产业同样有很大的促进作用。

第二，从社会的角度来看，唐代刘贞亮在《茶十德》中将茶之功效归纳为十项：以茶散闷气，以茶驱腥气，以茶养生气，以茶除疠气，以茶利礼仁，以茶表敬意，以茶尝滋味，以茶养身体，以茶可雅志，以茶可行道。其中"散闷气""驱腥气""养生气""除疠气""尝滋味""养身体"诸项，属于饮茶能满足人们生理需求和保健作用等方面的功能。而"利礼仁""表敬意""可雅志""可行道"等则属于茶道范围，也是茶文化的主要社会功能。据此可以将茶文化的社会功能概括为三个方面：以茶雅志、以茶敬客和以茶行道。

（1）以茶雅志——陶冶个人情操。陆羽在《茶经》中明确提出"茶之为用，味至寒，为饮最宜精行俭德之人"。即提倡通过饮茶提升自身的言行举止和道德品质，成为内外皆修的君子。后世的茶文化专家在概括中国茶道精神时所倡导的清、寂、廉、美、静、俭、洁等，也都是针对个人的道德修养。历代茶人讲究茶叶本身的特性和内在的韵味，把深层的文化素质与人格熏陶作为修身之本。品茶在使人们获得有益于身体健康的同时，又可受到潜移默化的文化熏陶，可以对人产生提高修养、陶冶情操、净化心灵的积极作用。因此，茶文化是当今社会对广大群众进行思想道德教育的一种理想载体。

（2）以茶敬客——协调人际关系。在日常生活中，以茶待客，客来敬茶，已成为中华民族的传统习俗。唐代颜真卿有"泛花邀坐客，代饮引清言"的诗句，宋代杜耒有"寒夜客来茶当酒，竹炉汤沸火初红"的诗句，郑清有"一杯春露暂留客，两腋清风几欲仙"的诗句，都是描写以茶待客的名句。其中尤以"寒夜客来茶当酒"一句，几乎成为人们日常的口头语了。在生活中，茶已成为友好、尊敬、和睦的象征。客来敬茶是以茶示礼；朋友相聚，品茶叙旧，可以增进友谊；向长辈敬茶，表示尊重之意；邻里纠纷，献上一杯茶，亦可化解矛盾，促进团结。中国茶道精神中所倡导的"和""敬"等，都是侧重于人际关系的调整，促进人与人之间的和谐友爱。

（3）以茶行道——净化社会风气。在当今社会生活中，经济高速发展、物质生活丰富，但随之而来的是物欲膨胀、人心浮躁。生活、工作节奏的加快也带来压力的增大，人们容易心理失衡，人际关系趋于紧张。而茶文化是种雅静、健康的文化。它能使人们紧绷的心灵之弦得以松弛，倾斜的心理得以平衡。中国茶道精神中所提倡的"清""廉""俭""洁"等具有平和、冲淡、雅致的精神内涵，会使人们的心情趋于淡泊宁静，可以调节生活节奏，缓解心理压力。茶道精神中的"和""敬"精神，提倡和诚处世、相互尊重、相互关心的新型人际关系，必然有利于社会风气的净化。所以普及茶文化、宣扬茶道精神，对于巩固和发展安定团结的政治局面、构建和谐社会有着积极的意义。

第三，从文化的角度来看，茶文化在促进文化建设、实现中华民族伟大复兴的宏伟事业中也发挥重要的作用。当今人类社会处于全球经济一体化的格局中，人类超越民族、国家的界限而在经济领域出现相互沟通、相互影响、相互融合的发展趋势。经济全球化必然带动政治、文化等领域的沟通与合作，必然形成某些共同的秩序，共同的利害关系，使世界历史沿着整体化方向发展。在接受、参与全球经济一体化的过程中，在吸收其他民族、国家的优秀文化的同时，首先要认同并弘扬自己的民族文化，保持自己的特色，否则就有被西方文化淹没的危险。而茶文化正是中华优秀传统文化的有机组成部分，又具有适应社会发展潮流的新鲜活力，在"一带一路"的建设中有着不可取代的作用。

第二节　中国茶文化的发展历史

中国茶文化的发展历史可以划分为以下五个阶段。

一、先秦时期

汉代典籍中记载有"神农尝百草，日遇七十二毒，得荼 ① 而解之"的传说。这是关于人类认识茶叶功效的最早记录。照此推算，中国人发现和利用茶叶已经有五六千年的历史。晋代常璩在公元前 350 年左右所写的《华阳国志·巴志》一书中记载，周武王伐纣时，巴蜀用茶叶作为贡品，而且当地已经有了人工栽培的茶园。这说明生活在距今3000 多年前的先民已经掌握了栽种和利用茶叶的技术。

二、秦汉至魏晋南北朝时期

进入汉代以后，饮茶之风有了较大的发展，有多部汉代的著作都提到茶叶，如《神农食经》："茶茗久服，令人有力，悦志。"《尔雅》："槚，苦荼。"《方言》："蜀西南人谓茶曰蔎。"《华佗食论》："苦荼久食，益思意。"此外，汉代的字书《说文解字》也收有"茶""茗"等字，并解释："茶，苦荼也。""茗，荼芽也。"西汉王褒的《僮约》有"烹茶尽具，已而盖藏"和"牵犬贩鹅，武阳买茶"，这说明西汉时期生活在成都地区的民众已经有了吃茶的习俗，使用专门的吃茶器具，并且出现的茶叶集散市场。晋代文人杜育撰写的《荈赋》是文学史上第一篇专门写茶的文学作品。

三、唐宋时期

唐宋是中国茶文化的形成时期和发展的巅峰时期。唐代陆羽的《茶经》是世界上第一部最完备的综合性茶学著作，对中国茶叶生产和饮茶风气都起了很大的推动作用。《茶经》的出现标志着中国茶文化的正式形成。

唐代经济发达，国力强盛，茶叶产地遍及全境，茶叶贸易蓬勃发展。加之佛教的广泛传播，社会各阶层都有烹茶吃茶的习俗，带动了茶产业的发展。尤其是贡茶制度的确立，引领了制茶工艺，客观上提高了茶叶的制作技术。

---

① 此处的"荼"即为"茶"。

大量文人墨客引茶入诗，以诗颂茶，创作了大量以诗为题材的名篇佳作，如李白的《答族侄僧中孚赠玉泉仙人掌茶（并序）》、卢仝的《走笔谢孟谏议寄新茶》、皎然的《饮茶歌·诮崔石使君》、白居易的《夜闻贾常州崔湖州茶山境会亭欢宴》、元稹的《一字至七字诗》等，极大地丰富了中国茶文化。

宋代吃茶之风日盛，上至皇帝、下至百姓均崇尚点茶吃茶。宋徽宗赵佶曾御笔亲书《大观茶论》一书，这也是茶文化历史上绝无仅有的孤例。

宋代点茶之法更为高雅，技艺高超之人可在茶汤表面幻化出花鸟鱼虫或呈现书法作品。对茶汤泡沫如此讲究，可见宋代点茶已经完全成为艺术行为，充满了诗情画意和审美情趣。除了泡沫之外，宋代茶人们还非常讲究茶汤的真味。宋代诗人们在诗歌中赞颂茶汤时经常是色、香、味并提，而且还将三者称为"三绝"。所谓"遂令色香味，一日备三绝"。

除点茶外，宋代还流行斗茶。斗茶者通过比试茶汤的颜色和汤花的咬盏时间确定胜负。范仲淹《和章岷从事斗茶歌》有"胜若登仙不可攀，输同降将无穷耻"的诗句，形象地描绘了斗茶结束时获胜者和失败者的不同姿态。

唐宋时期使用的主要是蒸青饼茶，宋代建安北苑的龙团凤饼因其制作模具上的龙凤图案成为皇室专用茶，代表了蒸青饼茶制作技艺的最高水平。

四、明清时期

明清时期是中国茶文化的发展时期，茶叶出口量居世界第一位。明代的饮用茶主要是散茶，饮茶方式也随之发生了改变，由宋代点茶发展形成瀹饮法。其特点就是"旋瀹旋啜"，即将茶叶放在茶壶或茶杯里冲进开水就可直接饮用。瀹茶法的壶（杯）中茶汤没有"汤华"（泡沫）可欣赏，品茶的重点完全放在茶汤色香味的欣赏，对茶汤的颜色也从宋代的以白为贵变成以绿为贵了。品茗活动中所追求的高雅的艺术情趣，这正是中国茶艺的一大特色。清代的泡饮法更加简便，花茶制作工艺完善。除绿茶外，陆续出现红茶、黄茶、白茶、乌龙茶、黑茶，六大茶类逐渐齐全。

五、当代

自新中国成立以来，尤其是改革开放四十多年来，中国在发展茶叶经济和茶叶科技等方面成绩显著，在世界上占有重要的地位。目前，中国茶叶种植面积已达290多万公顷，占全球面积的61%左右。茶产量达到261万吨，居世界第一，占全球产量的45%。产值增加、结构优化，不断满足人民群众日益增长的生活需要。同时，中国茶文化在当代得到了迅猛的发展。提倡茶为国饮，设立全民饮茶日、国际茶日，极大地提升了茶在人们日常生活中的地位。茶叶教育、培训方兴未艾，各级各类茶文化机构相继涌现，各类涉茶传媒数不胜数，传统茶文化得到了极大的传承和发扬。

第三节　中国各民族的饮茶习俗

中国民族众多，56 个民族都有代表各自民族生活习性的饮茶习俗，可谓丰富多彩，以下选择其中有代表性的加以介绍。

一、汉民族的饮茶习俗

汉民族的饮茶历史悠久，饮茶方式多样，融合了各民族的特点。既有满足解渴需求的大碗茶等大众化行茶饮茶方式，又有基于社会各阶层经济条件和需求的宫廷茶、文士茶、僧侣茶、道士茶等行茶饮茶方式，更有以艺驭茶、以茶示道等追求高雅道德情操的行茶饮茶方式。流传到现在，主要以清饮为主，即不加其他调料的饮用方法。

由于地域辽阔、茶品众多，各地形成了一些相对独特的饮茶习俗，如被称为茶艺活化石的潮汕工夫茶茶艺，流行于潮州、汕头等地。饮茶讲究"烹茶四宝"（潮汕炉、玉书煨、孟臣罐、若琛瓯），以煮沸的泉水沏泡紫砂壶中的乌龙茶，茶酽香浓，以小杯品饮，闻茶香、观汤色、品滋味，极富趣味性。

成都平原的民众喜饮花茶，用盖碗冲泡就盖碗品饮，一人一碗，方便简洁，省却了使用众多茶具的烦琐。于茶楼、于公园或于花前月下、亭台屋檐下，独得一份悠闲自得。

长江下游富庶之地，多出产优质绿茶。以洁净的玻璃杯沏泡，茶汤黄绿明亮、茶叶外形优美，头次冲泡的茶叶在杯中上下沉浮起落，似茶叶在杯中翩翩起舞，美不胜收。

总之，汉民族的行茶、饮茶习俗在各个历史时期都有受众多、流行广的特点。在中国茶文化的发展脉络中起到了核心的作用，在茶文化的对外传播中也发挥了重要的作用。

二、回族的盖碗茶

回族主要分布在我国的西北，以宁夏、青海、甘肃三省（区）最为集中。回族信仰伊斯兰教，食物以牛羊肉、奶制品为主。而茶叶中存在的大量维生素和多酚类物质，不但可以补充蔬菜的不足，而且还有助于去油除腻、帮助消化。所以，自古以来，茶一直是回族同胞的主要生活必需品。

喝盖碗茶是回族生活中的一件日常事务，他们把沏盖碗茶叫转盖碗子、抓盅子，喝茶则叫刮碗子。饮茶时先将碗盖在茶碗表面刮几下，将浮在茶汤表面的茶叶刮到一边。除清饮外，也有调饮。调饮加冰糖与多种干果，诸如苹果干、葡萄干、柿饼、桃干、红枣、桂圆干、枸杞子等，有的还要加上白菊花、芝麻之类，通常多达八种，故美其名曰："八宝茶"。另有一种独特的三炮台盖碗茶，是在盖碗中加入茶叶、冰糖和桂圆，冲泡后滋味甜润回甘，别有一番风味。

三、蒙古族的咸奶茶

蒙古族主要居住在内蒙古及其边缘的一些省、区，食物以牛羊肉、奶制品为主。喝咸奶茶是蒙古族人们的传统饮茶习俗。在牧区，他们习惯于"一日三餐茶"，每日清晨，主妇第一件事就是先煮一锅咸奶茶，供全家整天享用。

煮奶茶的原料一般采用砖茶，制作时，先将洗净的铁锅置于火上，盛水后烧水至沸腾时，加入打碎的砖茶。当沸腾的水煮出茶汁后再掺入奶，用量为水的五分之一左右。稍加搅动，再加入适量盐巴。等到整锅咸奶茶开始沸腾时，才算煮好了，即可盛在碗中待饮。

四、维吾尔族的香茶

维吾尔族主要居住在新疆天山以南，爱喝一种独特的香茶。他们认为，香茶有养胃提神的作用，是一种营养价值极高的饮料。

南疆维吾尔族煮香茶时，主要使用的是铜制的长颈茶壶。制作香茶时，在长颈壶内加水七八分满加热，当水刚沸腾时，抓一把敲碎的砖茶放入壶中，煮约5分钟时，则将预先准备好的姜、桂皮、胡椒等细末香料，放进煮沸的茶水中轻轻搅拌，经3~5分钟即成。南疆维吾尔族喝香茶，习惯于一日三次，与早、中、晚三餐同时进行，一边吃馕，一边喝茶，这种饮茶方式是一种以茶代汤、用茶做菜之举。

五、哈萨克族的奶茶

哈萨克族主要居住在新疆天山以北，以从事畜牧业为主，他们最普遍的饮食是吃手抓羊肉，喝马奶子茶。他们的体会是"一日三餐有茶，提神清心，劳动有劲；三天无茶落肚，浑身乏力，懒得起床"。

哈萨克族煮奶茶使用的器具通常是铝锅或铜壶，喝茶用的是大茶碗。煮奶时，先将茯砖茶打碎成小块状加入开水中，待煮沸5分钟左右煮出茶汁，加入牛（羊）奶，用量约为茶汤的五分之一。轻轻搅动几下，使茶汤与奶混合，再投入适量盐巴，重新煮沸5~6分钟即成。也有不加盐巴而加食糖和核桃仁的甜味奶茶。

喝奶茶对初饮者来说，会感到滋味苦涩而不大习惯，但只要在高寒且缺蔬菜和食奶肉的北疆住上十天半月，就会感到喝奶茶实在是一种补充营养和去腻消食不可缺少的饮料。

六、藏族酥油茶

藏族主要分布在我国西藏以及云南、四川、青海、甘肃等省的部分地区。这里地势高，有"世界屋脊"之称，空气稀薄，气候高寒干旱。藏族以放牧或种旱地作物为生，当地蔬菜瓜果很少，常年以奶肉、糌粑为主食。"其腥肉之食，非茶不消；青稞之热，非茶不解。"茶成了当地人们补充营养的主要来源，喝酥油茶便成了如同吃饭一样重要。

制作酥油茶的原料主要是产自云南的粗老砖茶，先将砖茶打碎加水在壶中煎煮20~30分钟，再滤去茶渣，把茶汤注入长圆形的打茶筒内。同时，再加入适量酥油、核桃仁、花生米、芝麻粉、松子仁之类，最后放上少量的食盐、鸡蛋等。接着，用木杵在圆筒内上下抽打，使各种配料充分融合。

酥油茶是藏族群众祭神、待客的礼仪物。敬神以酥油和茶为佳，待客则茶酒并重。待客时，全家排在门前，向来客敬一杯酒，献一条哈达，即是最高的礼节。而送别亲人时，则背着酥油茶送到车站亲人上车后，还要敬三次茶，喝完才能上路，取吉祥如意、一路平安、万事大吉之意。到藏族同胞家中做客，热情好客的主人会拿出家中最好的酥油茶，恭恭敬敬地捧到客人面前，客人不能轻易拒绝，至少要连喝三碗，以表示对主人的尊重。喝酥油茶的规矩，一般是边喝边添，每次不一定喝完，但对客人的茶杯总要添满；假如你不想喝，就不要动茶杯，如果喝了一半，再喝不下了，主人把杯里的茶添满后，你就那么摆着，告辞时再一饮而尽。这样，才符合藏族人民的习惯和风俗。

七、土家族的擂茶

在湘、鄂、川、黔的武陵山区一带，居住着许多土家族同胞，他们世代相传，至今还保留着一种古老的吃茶法，这就是擂茶。

擂茶，又名三生汤，是用生叶（指从茶树采下的新鲜茶叶）、生姜和生米仁三种生原料经混合研碎加水后烹煮而成的汤，故而得名。相传三国时，张飞带兵进攻武陵壶头山（今湖南省常德境内），正值炎夏酷暑，当地瘟疫蔓延，张飞及部下数百将士病倒。正在危难之际，村中一位郎中有感于张飞部属纪律严明，便献出祖传除瘟秘方擂茶，结果茶到病除。

现在土家族制作擂茶时，除茶叶外，还配上炒熟的花生、芝麻、米花等；另外，还要加些生姜、食盐、胡椒粉之类放在特制的陶制擂钵内，然后用木棍研捣，使各种原料相互破碎混合，再取入碗中，用沸水冲泡，用调匙轻轻搅动几下，即调成擂茶。这样看来，擂茶不仅仅是解渴的茶饮，还是一道精心调制的美食。

八、白族的三道茶

白族散居在我国西南地区，主要分布在风光秀丽的云南大理。白族喜好饮茶，大凡在逢年过节、生辰寿诞、男婚女嫁、拜师学艺等喜庆日子里，或是在亲朋宾客来访之际，都会以"一苦、二甜、三回味"的三道茶款待宾客。制作三道茶时，每道茶的制作方法和所用原料都是不一样的。

第一道茶，称之为"苦茶"，寓意人生"要立业，就要先吃苦"的哲理。制作时，先将茶叶置入一只小砂罐放置于炭火上烘烤。待罐内茶叶"啪啪"作响，叶色转黄，发出焦糖香时，立即注入已经烧沸的开水。由于这种茶经烘烤、煮沸而成，因此，看上去色如琥珀，闻起来焦香扑鼻，喝下去滋味苦涩，故而谓之苦茶。

第二道茶，称之为"甜茶"。当客人喝完第一道茶后，主人重新用小砂罐置茶、烤茶、煮茶，与此同时，还得在茶盅中放入少许红糖、蜂蜜、芝麻、核桃仁以及烘烤过的大理特有乳制品——乳扇，待煮好的茶汤倾入盅内。这样沏成的茶，甜中带香，甚是好喝，它寓意"人生在世，无论做什么事，只有吃得了苦，才会苦尽甘来"。

第三道茶，称之为"回味茶"。茶汤中加入桂皮、生姜、花椒和蜂蜜。这杯茶，喝起来辛辣、苦、甜各味俱全，回味无穷。它告诫人们，凡事要多"回味"，切记"先苦后甜"的哲理。

九、傣族的竹筒香茶

竹筒香茶是傣族人们别具风味的一种茶饮料。傣族世代生活在我国云南的南部和西南部地区，以西双版纳最为集中，这是一个能歌善舞而又热情好客的民族。傣族喝的竹筒香茶，其制作和烤煮方法甚为奇特，一般可分为以下五道程序。

装茶：将采摘细嫩、经初加工而成的毛茶，加热蒸软后放入生长期为一年左右的嫩香竹筒中，用木棍压紧实。

烤茶：将装有茶叶的竹筒，放在火塘边烘烤，为使筒内茶叶受热均匀，通常每隔4~5分钟应翻滚竹筒一次。待竹筒色泽由绿转黄时，筒内茶叶也已达到烘烤适宜，即可停止烘烤。

取茶：待茶叶烘烤完毕，用刀劈开竹筒，就成为清香扑鼻、形似长筒的竹筒香茶。

泡茶：分取适量竹筒香茶，置于碗中，用刚沸腾的开水冲泡，经3~5分钟，即可饮用。

喝茶：竹筒香茶既有茶的醇厚高香，又有竹子的清香，所以，喝起来有耳目一新之感。

除傣族外，云南的拉祜族、佤族也有制作饮用竹筒茶的习俗。

十、基诺族的凉拌茶

基诺族主要分布在我国云南西双版纳地区，尤以景洪为最多。他们的饮茶方法常见的有两种，即凉拌茶和煮茶。

凉拌茶是一种较为古老的食茶方法，此法以现采的茶树鲜嫩新梢为主料，配以黄果叶、辣椒、食盐等佐料而成，一般可根据各人的爱好而定。做凉拌茶，通常先将从茶树上采下的鲜嫩新梢，用洁净的双手捧起，稍用力搓揉，使嫩梢揉碎，放入清洁的碗内；再将黄果叶揉碎，辣椒切碎，连同食盐适量投入碗中；最后，加上少许泉水，用筷子搅匀，静置15分钟左右，即可食用。

十一、侗族、瑶族的打油茶

居住在云南、贵州、湖南、广西毗邻地区的侗族、瑶族都喜欢喝油茶。凡在喜庆佳节，或亲朋贵客进门，总喜欢用做法讲究、佐料精选的油茶款待客人。做油茶，当地称之为打油茶。打油茶一般经过以下四道程序：

第一道程序是选茶。通常有两种茶可供选用，一是经专门烘炒的末茶，二是刚从茶树上采下的幼嫩新梢，可根据各人口味而定。

第二道程序是选料。打油茶用料通常有花生米、玉米花、黄豆、芝麻、糯粑、笋干等，应预先制作好待用。

第三道程序是生火。待锅底发热，放适量食油入锅，待油面冒青烟时，立即投入适量茶叶入锅翻炒，当茶叶发出清香时，加上少许芝麻、食盐，再炒几下，即放水加盖，煮沸3~5分钟，即可将油茶连汤带料起锅盛碗待喝。一般家庭自喝，这又香、又爽、又鲜的油茶已算打好了。

如果打的油茶是作庆典或宴请用的，那么，还得进行第四道程序，即配茶。配茶就是将事先准备好的食料，先行炒熟，取出放入茶碗中备好。然后将油炒经煮而成的茶汤，捞出茶渣，趁热倒入备有食料的茶碗中供客人吃茶。一般当主妇快要把油茶打好时，主人就会招待客人围桌入座。由于喝油茶是碗内加有许多食料，因此，还得用筷子相助，所以，说是喝油茶，还不如说吃油茶更为贴切。吃油茶时，客人为了表示对主人热情好客的回敬，赞美油茶的鲜美可口，称道主人的手艺不凡，总是边喝、边啜、边嚼，在口中发出"啧、啧"声响，还赞不绝口。

十二、苗族的八宝油茶汤

居住在鄂西、湘西、黔东北一带的苗族以及部分土家族有喝油茶汤的习惯。他们说："一日不喝油茶汤，满桌酒菜都不香。"倘有宾客进门，他们更为用香脆可口、滋味无穷的八宝油茶汤款待。八宝油茶汤的制作比较复杂，先得将玉米（煮后晾干）、黄豆、花生米、豆腐干丁、粉条等分别用茶油炸好，分装入碗待用。

接着是炸茶，特别要把握好火候，这是制作的关键技术。具体做法是放适量茶油在锅中，待锅内的油冒出青烟时，放入适量茶叶和花椒翻炒，待茶叶色转黄发出焦糖香时，即可倾水入锅，再放上姜丝。一旦锅中水煮沸，再徐徐掺入少许冷水，等水再次煮沸时，加入适量食盐和少量大蒜、胡椒之类，用勺稍加拌动，随即将锅中茶汤连同佐料，一一倾入盛有油炸食品的碗中，这样就算把八宝油茶汤制好了。

待客敬油茶汤时，大凡有主妇用双手托盘，盘中放上几碗八宝油茶汤，每碗放上一只调匙，彬彬有礼地敬奉客人。这种油茶汤，用料讲究，制作精细，鲜美无比，满嘴生香。它既解渴，又饱肚，还有特异风味，是我国饮茶技艺中的一朵奇葩。

十三、拉祜族的烤茶

拉祜族主要分布在云南澜沧、孟连、沧源、耿马、勐海一带。饮烤茶是拉祜族古老、传统的饮茶方法，至今仍在普遍饮用。饮烤茶通常分为以下四个操作程序进行。

装茶抖烤：先将小陶罐在火塘上用文火烤热，然后放上适量茶叶抖烤，使受热均匀，待茶叶叶色转黄，并发出焦糖香时为止。

沏茶去抹：用沸水冲满盛茶的小陶罐，随即撇去上部浮沫，再注满沸水，煮沸3分钟后待饮。

倾茶敬客：就是将在罐内烤好的茶水倾入茶碗，奉茶敬客。

喝茶啜味：拉祜族认为，烤茶香气足，味道浓，能振精神，才是上等好茶。因此，拉祜族喝烤茶，总喜欢热茶啜饮。

十四、景颇族的腌茶

居住在云南省德宏地区的景颇族、德昂族等民族，至今仍保持着一种以茶做菜的食茶方法。

腌茶一般在雨季进行，所用的茶叶是不经加工的鲜叶。制作时，姑娘们首先将从茶树上采回的鲜叶用清水洗净，沥去鲜叶表面的附着水后待用。

腌茶时，先用竹篮将鲜叶摊晾，失去少许水分，而后稍加搓揉，再加上辣椒、食盐适量拌匀，放入罐或竹筒内，层层用木棒舂紧，将罐（筒）口盖紧，或用竹叶塞紧。静置两三个月，至茶叶色泽开始转黄，就算将茶腌好。

腌好的茶从罐内取出晾干，然后装入瓦罐，随食随取。讲究一点的，食用时还可拌些香油，也有加蒜泥或其他佐料的。

十五、哈尼族的土锅茶

哈尼族主要居住在云南的红河、西双版纳地区以及江城、澜沧、墨江、元江等地，喝土锅茶是哈尼族的爱好，这是一种古老而简便的饮茶方式。

哈尼族煮土锅茶的方法比较简单，一般凡有客人进门，主妇先用土锅（或瓦壶）将水烧开，随即在沸水中加入适量茶叶，待锅中茶水再次煮沸3分钟后，将茶水倾入用竹制的茶盅内，一一敬奉给客人。平日，哈尼族同胞也总喜欢在劳动之余，一家人喝茶叙家常，以享天伦之乐。

十六、傈僳族油盐茶

傈僳族主要聚居在云南的怒江，散居于云南的丽江、大理、迪庆、楚雄、德宏以及四川的西昌等地，这是一个质朴而又十分好客的民族，喝油盐茶是傈僳人们广为流传的一种古老饮茶方法。

傈僳族喝的油盐茶，制作方法奇特，首先将小陶罐在火塘上烘热，然后在罐内放入适量茶叶在火塘上不断翻滚，使茶叶烘烤均匀。待茶叶变黄，并发出焦糖香时，加上少量食油和盐。稍时，再加水适量，煮沸2~3分钟，就可将罐中茶汤倾入碗中待喝。

油盐茶因在茶汤制作过程中，加入了食油和盐，所以，喝起来"香喷喷，油滋滋，咸兮兮，既有茶的浓醇，又有糖的回味"。

十七、布朗族的青竹茶

布朗族主要分布在我国云南西双版纳自治州以及临沧、澜沧、双江、景东、镇康等地的部分山区，喝青竹茶是一种方便而又实用的饮茶方法，一般在离开村寨务农或进山狩猎时采用。

布朗族喝的青竹茶，制作方法是首先砍一节碗口粗的鲜竹筒，一端削尖，插入地下，再向筒内加上泉水，当作煮茶器具。然后，找些干枝落叶，当作烧料点燃于竹筒四周。当筒内水煮沸时，随即加上适量茶叶，待3分钟后，将煮好的茶汤倾入事先已削好的新竹罐内，便可饮用。竹筒茶将泉水的甘甜、青竹的清香、茶叶的浓醇融为一体，所以，喝起来别有风味，久久难忘。

十八、纳西族的"龙虎斗"

纳西族主要居住在风景秀丽的云南省丽江地区，这是一个喜爱喝茶的民族。他们平日爱喝一种具有独特风味的"龙虎斗"。此外，还喜欢喝盐茶。

纳西族喝的龙虎斗，制作方法也很奇特，首先用水壶将茶烧开。另选一只小陶罐，放上适量茶，连罐带茶烘烤。为免使茶叶烤焦，还要不断转动陶罐，使茶叶受热均匀。待茶叶发出焦香时，向罐内冲入开水，烧煮3~5分钟。同时，准备茶盅，再放上半盅白酒，然后将煮好的茶水冲进盛有白酒的茶盅内。这时，茶盅内会发出"啪啪"的响声，纳西族同胞将此看作吉祥的征兆。声音越响，在场者就越高兴。纳西族认为龙虎斗还是治感冒的良药，因此，提倡趁热喝下。如此喝茶，香高味酽，提神解渴，甚是过瘾！

第四节　茶与文学艺术

茶文化涉及诸多文学形式、诸如音乐、绘画、舞蹈、诗歌、小说、戏剧、传说故事、楹联、谜语等。

一、茶与音乐

音乐是与茶结缘较早的艺术。唐代《韩熙载夜宴图》《宫乐图》等画面中就有各种乐器的出现，说明古代饮茶活动是以高雅的音乐作为必要的内容的。边饮茶边听音乐乃饮茶以养生，音乐以怡性，口舌鼻耳心兼得也。今人多以传统古筝、古琴、箫笛等演奏曲子为茶艺表演的背景音乐或行茶饮茶的背景音乐，其节奏舒缓、曲调悠扬，既有利于冲泡者抛弃杂念，专心于泡茶，同时又有利于饮茶者进入饮茶的环境，舒缓心境、放松心情，得到身心的享受。

当代作曲家、演奏家致力于茶音乐的不乏其人，如台湾风潮出版的《清香满山月》《香飘水云间》《桂花龙井——花熏茶十友》《铁观音》《听壶》《一筐茶叶一筐歌》《奉茶》《茶道》《茶诗》《茶雨》《茶禅一味》《茶醉》等系列作品便是其中优秀的代表。

其他音乐形式如民歌、流行歌曲也有不少是吟唱茶树茶叶、歌颂采茶人的作品。如流行于江西、湖南、湖北、广西、安徽、福建等地，由民间艺术家所创作的《采茶歌》的民间曲调，具有地方特色。有些地区后来发展成"采茶戏"。

采茶人采茶的时候唱的歌曲——《采茶舞曲》是一首浙江省的传统民歌。这首采茶舞曲在1977年由著名歌唱家朱逢博一唱成名。全曲以越剧的音调为素材，具有舞曲风格。乐曲采用浙江民间音调的特点，旋律优美流畅，其中逗趣性的乐句，如一问一答，似年轻人在相互嬉戏，像老年人对丰收的赞美。

二、茶与诗词曲赋

（一）晋代的代表作品

灵山惟岳，奇产所钟。瞻彼卷阿，实曰夕阳。厥生荈草，弥谷被岗。承丰壤之滋润，受甘露之霄降。月惟初秋，农功少休；结偶同旅，是采是求。水则岷方之注，挹彼清流；器择陶简，出自东瓯；酌之以匏，取式公刘。惟兹初成，沫沈华浮。焕如积雪，晔若春敷。若乃淳染真辰，色绩青霜，白黄若虚。调神和内，倦解慵除。

以上是晋代文人杜育撰写的《荈赋》，其是文学史上第一篇专门写茶的文学作品，也是中国茶叶史上第一篇完整地记载了茶叶从种植到品饮全过程的作品。文章从茶的种植、生长环境讲到采摘时节，又从劳动场景讲到烹茶、选水以及茶具的选择和饮茶的效用等。如文中所写"灵山惟岳""丰壤"指的是生长环境，"月惟初秋"指的是采摘时节，"结偶同旅"指的是采摘场景，"岷方""清流"指的是对水的选择，"陶简""酌之以匏"指的是对茶具的选择，"沫沈华浮，焕如积雪"指的是烹茶初成时的茶汤状态，"调神和内，倦解慵除"指的是饮茶的功效。

（二）唐代的代表作品

在四万余首《全唐诗》中，近百余诗人创作了四百余首茶诗，堪称茶诗数量和质量的高峰时期。下面是诗仙李白的众多诗作中为数不多的一首茶诗《答族侄僧中孚赠玉泉仙人掌茶（并序）》：

余闻荆洲玉泉寺近清溪诸山，山洞往往有乳窟，窟中多玉泉交流。其中有白蝙蝠，大如鸦。按《仙经》，蝙蝠一名仙鼠，千岁之后，体白如雪。栖则倒悬，盖饮乳水而长生也。其水边处处有茗草罗生，枝叶如碧玉。惟玉泉真公常采而饮之，年八十余岁，颜色如桃花。而此茗清香滑熟，异于他者，所以能还童振枯，扶人寿也。余游金陵，见宗侄僧中孚，示余茶数十片，拳然重叠，其状如手，号为仙人掌茶。盖新出乎玉泉之山，旷古未觌，因持之见遗，兼赠诗，要余答之，遂有此作。后之高僧大隐，知仙人掌茶发乎中孚禅子及青莲居士李白也。

> 常闻玉泉山，山洞多乳窟。仙鼠如白鸦，倒悬清溪月。
>
> 茗生此中石，玉泉流不歇。根柯洒芳津，采服润肌骨。
>
> 丛老卷绿叶，枝枝相接连。曝成仙人掌，似拍洪崖肩。
>
> 举世未见之，其名定谁传。宗英乃禅伯，投赠有佳篇。
>
> 清镜烛无盐，顾惭西子妍。朝坐有余兴，长吟播诸天。

这是我国历史上第一首写名茶的诗。李白在金陵漫游时见到同宗的侄子李英即玉泉寺僧人中孚禅师。此僧不仅送给这位名满天下的族叔数十片荆洲玉泉寺附近清溪诸山所产新茶，还写了一首诗，并借机要李白的答诗。于是李白不仅为此茶命了名，还写下了一首带序的诗，不经意间为茶坛留下一段佳话。

诗圣杜甫《重过何氏五首》之三，就是以茶求乐，品茶解愁。如诗所云：

> 落日平台上，春风啜茗时。
>
> 石阑斜点笔，桐叶坐题诗。
>
> 翡翠鸣衣桁，蜻蜓立钓丝。
>
> 自今幽兴熟，来往亦无期。

黄昏之前，环境清幽，诗人在平台一边观赏夕阳，一边品着新采的春茶，心境宽慰，诗兴勃发，不愧为一幅绝妙的春日品茶图。

皎然是南北朝著名诗人谢灵运的后世子孙，也是一位喜爱饮茶和写诗的僧人，如《饮茶歌·诮崔石使君》：

> 越人遗我剡溪茗，采得金芽爨金鼎。
>
> 素瓷雪色缥沫香，何似诸仙琼蕊浆。
>
> 一饮涤昏寐，清思朗爽满天地。
>
> 再饮清我神，忽如飞雨洒轻尘。
>
> 三饮便得道，何须苦心破烦恼。
>
> 此物清高世莫知，世人饮酒徒自欺。
>
> 愁看毕卓瓮间夜，笑向陶潜篱下时。
>
> 崔侯啜之意不已，狂歌一曲惊人耳。
>
> 孰知茶道全尔真，唯有丹丘得如此。

此诗重要的贡献是首次准确而深刻地揭示了饮茶的三个层次：涤寐、清神、悟道。并且最早提出"茶道"概念，在茶文化史上具有很大意义。

卢仝的作品数量有限，但下面这首《走笔谢孟谏议寄新茶》可谓千古名篇：

> 日高丈五睡正浓，军将打门惊周公。

口云谏议送书信，白绢斜封三道印。

开缄宛见谏议面，手阅月团三百片。

闻道新年入山里，蛰虫惊动春风起。

天子须尝阳羡茶，百草不敢先开花。

仁风暗结珠琲瓃，先春抽出黄金芽。

摘鲜焙芳旋封裹，至精至好且不奢。

至尊之馀合王公，何事便到山人家。

柴门反关无俗客，纱帽笼头自煎吃。

碧云引风吹不断，白花浮光凝碗面。

一碗喉吻润，两碗破孤闷。

三碗搜枯肠，唯有文字五千卷。

四碗发轻汗，平生不平事，尽向毛孔散。

五碗肌骨清，六碗通仙灵。

七碗吃不得也，唯觉两腋习习清风生。

蓬莱山，知何处？

玉川子，乘此清风欲归去。

山上群仙司下土，地位清高隔风雨。

安得知百万亿苍生命，堕在巅崖受辛苦！

便为谏议问苍生，到头还得苏息否？

诗中描写连喝七碗茶的不同感受最为后世传诵，故也有人将这首茶诗称为"七碗茶歌"。皎然曾将饮茶分为三个层次，卢仝则将饮茶细分为七个层次，更为细腻生动。后人的茶诗中也经常引用"七碗茶歌"作为典故。卢仝就是凭这首茶诗而千古留名，在茶文化史上占有一席之地。

诗魔白居易非常爱茶，诗中自称"别茶人"和"爱茶人"：

《谢李六郎中寄新茶》

故情周匝向交亲，新茗分张及病身。

红纸一封书后信，绿芽十片火前春。

汤添勺水煎鱼眼，末下刀圭搅曲尘。

不寄他人先寄我，应缘我是别茶人。

《山泉煎茶有怀诗》

坐酌泠泠水，看煎瑟瑟尘。

无由持一碗，寄与爱茶人。

51岁时，白居易自请外放苏州刺史。与苏州毗邻的湖州和常州是唐代顾渚紫笋及阳羡紫笋贡茶的产地。每年新茶出焙后，两州的官员都要带着众多的侍从、乐伎在交界处的悬脚岭举行盛大的茶宴活动——茶山境会。白居易嗜茶，但因坠马损腰，卧病在床，不能参加这一年的盛大欢宴，深感遗憾，便怀着艳羡的心情，写下《夜闻贾常州崔湖州茶山境会亭欢宴》，描写了此次湖州、常州两郡太守在境会亭里欢宴的情景：

遥闻境会茶山夜，珠翠歌钟俱绕身。

盘下中分两州界，灯前合作一家春。

青娥递舞应争妙，紫笋齐尝各斗新。

自叹花时北窗下，蒲黄酒对病眠人。

和白居易齐名的元稹有一首《一字至七字诗》，不仅是形式优美的宝塔诗，而且内容极富表现力，意境深远。

茶，

香叶，嫩芽。

慕诗客，爱僧家。

碾雕白玉，罗织红纱。

铫煎黄蕊色，碗转曲尘花。

夜后邀陪明月，晨前命对朝霞。

洗尽古今人不倦，将至醉后岂堪夸。

（三）宋代的代表作品

宋代上至皇帝，下至平民，吃茶成俗，斗茶成风。茶诗自然也不逊色。以下内容节选自政治家、文学家范仲淹的《和章岷从事斗茶歌》：

年年春自东南来，建溪先暖水微开。

溪边奇茗冠天下，武夷仙人自古栽。

新雷昨夜发何处，家家嬉笑穿云去。

露芽错落一番荣，缀玉含珠散嘉树。

终朝采掇未盈襜，唯求精粹不敢贪。

研膏焙乳有雅制，方中圭兮圆中蟾。

北苑将期献天子，林下雄豪先斗美。

鼎磨云外首山铜，瓶携江上中泠水。

黄金碾畔绿尘飞，紫玉瓯中翠涛起。

斗茶味兮轻醍醐，斗茶香兮薄兰芷。

其间品第胡能欺，十目视而十手指。

胜若登仙不可攀，输同降将无穷耻。

吁嗟天产石上英，论功不愧阶前冥。

诗中描写斗茶的各项准备工作可谓精益求精，而斗茶时享受到的美味和茶香更是令人心旷神怡。当然，这样隆重的比试结果非常重要，"胜若登仙不可攀，输同降将无穷耻"把斗茶获胜者和失败者的神态描摹的甚是传神。

宋代大文豪苏东坡一生茶诗词极多，名篇佳作不胜枚举。

《试院煎茶》

蟹眼已过鱼眼生，飕飕欲作松风鸣。

蒙茸出磨细珠落，眩转绕瓯飞雪轻。

银瓶泻汤夸第二，未识古人煎水意。

君不见昔时李生好客手自煎，贵从活火发新泉。

又不见今时潞公煎茶学西蜀，定州花瓷琢红玉。

我今贫病长苦饥，分无玉碗捧蛾眉。

且学公家作茗饮，砖炉石铫行相随。

不用撑肠拄腹文字五千卷，但愿一瓯常及睡足日高时。

苏东坡烹茶有自己独特的方法，他认为好茶还须好水配，"活水还须活火烹"。他在《试院煎茶》诗中，对烹茶用水的温度做了形象的描述，他以沸水的气泡形态和声音来判断水的沸腾程度。

再者如苏东坡的词《水调歌头·尝问大冶乞桃花茶》：

已过几番风雨，前夜一声雷，旗枪争战，建溪春色占先魁。采取枝头雀舌，带露和烟捣碎，结就紫云堆。轻动黄金碾，飞起绿尘埃，老龙团、真凤髓，点将来，兔毫盏里，霎时滋味舌头回。唤醒青州从事，战退睡魔百万，梦不到阳台。两腋清风起，我欲上蓬莱。

此词记述了采茶、制茶、点茶的情景及品茶时的感觉，描述极为生动传神。

最后介绍一首苏东坡的《次韵曹辅寄壑源试焙新芽》：

仙山灵草湿行云，洗遍香肌粉未匀。

明月来投玉川子，清风吹破武林春。

要知玉雪心肠好，不是膏油首面新。

戏作小诗君勿笑，从来佳茗似佳人。

此诗虽称戏作，但其实倾注了东坡对茶的特殊情怀，特别是末句"从来佳茗似佳人"，以诙谐、浪漫的笔调着墨，更是历代文士茶人耳熟能详的名句。

诗人陆游有多首茶诗，《夜汲井水煮茶》描写夜深人静独自煎茶的雅趣：

病起罢观书，袖手清夜永。

四邻悄无语，灯火正凄冷。

山童亦睡熟，汲水自煎茗。

锵然辘轳声，百尺鸣古井。

肺腑凛清寒，毛骨亦苏省。

归来月满廊，惜踏疏梅影。

与以酒待客的习俗不同，文人雅士以茶待客也别有情趣。杜耒的《寒夜》道出了其中的妙处：

寒夜客来茶当酒，竹炉汤沸火初红。

寻常一样窗前月，才有梅花便不同。

龙凤茶是宋代的皇室专供茶，选料求新求奇、加工精益求精，是千金难求的饮中珍品。王禹偁《龙凤茶》诗这样写道：

样标龙凤号题新，赐得还因作近臣。

烹处岂期商岭外，碾时空想建溪春。

香于九畹芳兰气，圆如三秋皓月轮。

爱惜不尝惟恐尽，除将供养白头亲。

（四）元明清时期的代表作品

元代盛行元曲，因此茶也就进入了这个领域，如李德载的《喜春来，赠茶肆》小令十首，节录如下：

茶烟一缕轻轻飏，搅动兰膏四座香，烹煎妙手赛维扬。非是谎，下马试来尝。

兔毫盏内新尝罢，留得余香满齿牙，一瓶雪水最清佳。风韵煞，到底属陶家。

金芽嫩采枝头露，雪乳香浮塞上酥，我家奇品世间无。君听取，声价彻皇都。

语言清新自然，寓庄于谐，人物神态跃然纸上。

虞集的《游龙井》把龙井与茶连在一起，被认为是龙井茶的最早记录：

徘徊龙井上，云气起晴画。澄公爱客至，取水挹幽窦。坐我蒼葡中，余香不闻嗅。但见瓢中清，翠影落群岫。烹煎黄金芽，不取谷雨后。同来二三子，三咽不忍漱。

诗中提到该茶为雨前茶，香味强烈，十分诱人，以致"三咽不忍漱"。

明代高启《采茶词》在赞美茶叶品质的同时，不忘讥讽官府的压榨，以致采茶人不得尝新茶。其诗如下：

雷过溪山碧云暖，幽丛半吐枪旗短。银钗女儿相应歌：筐中摘得谁最多？归来清香犹在手，高品先将呈太守。竹炉新焙未得尝，笼盛贩与湖南商。山家水解种禾黍，衣食年年在春雨。

三、茶与小说

茶叶进入寻常百姓家，成为日常生活中的开门七件事：柴、米、油、盐、酱、醋、茶，描写寻常百姓生活的作品自然少不了茶。同时，茶叶也是皇室贵胄、达官贵人、道家僧人、文人雅士高雅的生活象征，所谓琴、棋、书、画、诗、酒、茶，更是离不开茶。《三国演义》《水浒传》《金瓶梅》《西游记》《红楼梦》《聊斋志异》"三言二拍"《老残游记》等，无一例外地都有茶事的描写。清代的蒲松龄，大热天在村口铺上一张芦席，放上茶壶和茶碗，用茶会友，以茶换故事，终于写成了《聊斋志异》。在书中众多的故事情节里，又多次提及茶事。在刘鹗的《老残游记》中，有专门写茶事的"申子平桃花山品茶"一节。明代市井小说"三言二拍"就有不少篇目写到了茶，以北宋生活为背景创作的《水浒传》《金瓶梅》也多处写到茶。据统计，《红楼梦》中有关茶的内容就有 493 处之多，其中包括茶俗、茶礼、茶诗词、茶叶、茶具、泡茶用水、泡茶方法、品茶环境、茶疗方剂、用茶禁忌等，可谓是我国历代文学作品中记述与描绘得最全、最生动的。

当代作家王旭烽的《茶人三部曲》2000 年荣获第 5 届茅盾文学奖。全书以江南杭姓茶叶世家六代人的命运沉浮为主线，将中国茶文化史和中国近代史有机地融合在一起，堪称新中国反映茶文化的优秀长篇小说。

四、关于茶的传说故事

各地名茶都有相关的传说故事，如武夷山大红袍的传说、安溪铁观音的传说、龙井茶的传说、洞庭碧螺春的传说等。这些传说故事在一定程度上增加了茶的文化品位，提高了茶叶的知名度。整体来看，这些传说故事有的是历史上发生过的，有的则是后人附会上去以增加知名度并提升其市场价值的。

（一）神农尝茶

很早以前，中国就有"神农尝百草，日遇七十二毒，得茶而解之"的传说。说的是神农有一个水晶般透明的肚子，吃下什么东西，人们都可以从他的胃肠里看得清清楚楚。那时候的人，吃东西都是生吞活剥的，因此经常闹病。神农为了解除人们的疾苦，就把看到的植物都尝试一遍，看看这些植物在肚子里的变化，判断哪些无毒、哪些有毒。当他尝到一种开白花的常绿树嫩叶时，只见这种嫩叶在肚子里从上到下、从下到上到处流动洗涤，好似在肚子里检查什么，于是他就把这种绿叶称为"查"。以后人们又把"查"叫成"茶"。神农长年累月地跋山涉水，尝试百草，每天都得中毒几次，全靠茶来解救。但是最后一次，神农来不及吃茶叶，还是被毒草毒死了。后人为了崇敬、纪念农业和医学发明者的功绩，就世代传颂着这样一个神农尝百草的故事。

（二）铁观音

相传 1720 年前后安溪尧阳松岩村（又名松林头村）有个老茶农魏荫，勤于种茶，又笃信佛教，敬奉观音，每天早晚一定在观音像前敬奉一杯清茶，几十年如一日，从未间断。有一天晚上，他睡熟了，蒙眬中梦见自己扛着锄头走出家门。他来到一条溪涧旁边，在石缝中忽然发现一株茶树，枝壮叶茂，芳香诱人，跟自己所见过的茶树不同……第二天早晨，他顺着昨夜梦中的道路寻找，果然在观音仑打石坑（地方名）的石隙间，找到梦中的茶树。仔细观看，只见茶叶椭圆，叶肉肥厚，嫩芽紫红，青翠欲滴。魏荫十分高兴，将这株茶树挖回种在家中一口铁鼎里，悉心培育。因此茶是观音托梦得到的，遂取名"铁观音"。

（三）茉莉花茶

有一年冬天，陈古秋邀来一位品茶大师，研究北方人喜欢喝什么茶，正在品茶评论之时，陈古秋忽然想起有位南方姑娘曾送给他一包茶叶未品尝过，便寻出那包茶，请大师品尝。冲泡时，碗盖一打开，先是异香扑鼻，接着在冉冉升起的热气中，看见一位美貌姑娘，两手捧着一束茉莉花，一会工夫又变成了一团热气。陈古秋不解就问大师，大师笑着说："陈老弟，这乃茶中绝品'报恩仙'，过去只听说过，今日才亲眼所见，这茶是谁送你的？"陈古秋就讲述了三年前去南方购茶住客店遇见一位孤苦伶仃少女的经历，那少女诉说家中停放着父亲尸身，无钱殡葬，陈古秋深为同情，便取了一些银子给她，并请邻居帮助她搬到亲戚家去。三年过去，今春又去南方时，客店老板转交给他这一小包茶叶，说是三年前那位少女交送的。当时未冲泡，谁料是珍品，大师说："这茶是珍品，是绝品，制这种茶要耗尽人的精力，这姑娘可能你再也见不到了。"陈古秋说当时问过客店老板，老板说那姑娘已死去一年多了。两人感叹一会儿，大师忽然说："为什么她独独捧着茉莉花呢？"两人又重复冲泡了一遍，那手捧茉莉花的姑娘又再次出现。陈古秋一边品茶一边悟道："依我之见，这是茶仙提示，茉莉花可以入茶。"次年便将茉莉花加到茶中，果然制出了芬芳诱人的茉莉花茶，深受北方人喜爱，从此便有了一种新茶类茉莉花茶。

（四）台湾乌龙茶

据说台湾乌龙茶是一位叫林凤池的台湾人从福建武夷山把茶苗带到台湾种植而发展起来的。林凤池祖籍福建，是一个有志气的青年。一年，他听说福建要举行科举考试，心想去参加，可是家穷没路费，怎能去呢？乡亲们得知此事后，都纷纷捐助给林凤池凑路费。临行时，乡亲们对他说："你到了福建，可要向咱祖家的乡亲们问好呀，说咱们台湾乡亲十分怀念他们。"还交代说："考上了，以后要再来台湾，别忘了这是你的出生故里啊。"林凤池学问好，考中了举人，住了几年后，决定要回台湾探亲，临行前考虑带什么礼物好呢？觉得福建武夷山的乌龙茶有名，就要了36棵乌龙茶苗带回台湾，种在了南投县鹿谷乡的冻顶山上。经过乡亲们的精心培育，建成了一片茶园，采制的台湾乌龙茶清香可口。后来林凤池奉旨进京，他把这种台湾乌龙茶献给了道光皇帝，皇帝饮后称赞说："好茶，好茶。"问是什么地方的茶，林凤池说是福建茶种移至台湾冻顶山采制的。道光皇帝说："好吧，这茶就叫冻顶茶。"从此台湾乌龙茶也叫"冻顶茶"。

（五）太平猴魁

传说古时候，在黄山居住着一对白毛猴，生下一只小毛猴，有一天，小毛猴独自外出玩耍，来到太平县，遇上大雾，迷失了方向，没有再回到黄山。老毛猴立即出门寻找，几天后，由于寻子心切，劳累过度，老猴病死在太平县的一个山坑里。山坑里住着一个老汉，以采野茶与药材为生，他心地善良，当发现这只病死的老猴时，就将它埋在山冈上，并移来几棵野茶和山花栽在老猴墓旁，正要离开时，忽听有说话声："老伯，你为我做了好事，我一定感谢您"。但不见人影，这事老汉也没放在心上。第二年春天，老汉又来到山冈采野茶，发现整个山冈都长满了绿油油的茶树。老汉正在纳闷时，忽听有人对他说："这些茶树是我送给您的，您好好栽培，今后就不愁吃穿了。"这时老汉才醒悟过来，这些茶树是神猴所赐。从此，老汉有了一块很好的茶山，再也不需翻山越岭去采野茶了。为了纪念神猴，老汉就把这片山冈叫作猴冈，把自己住的山坑叫作猴坑，把从猴岗采制的茶叶叫作猴茶。由于猴茶品质超群，堪称魁首，后来就将此茶取名为太平猴魁了。

（六）乾隆皇帝封御茶

传说乾隆皇帝下江南时，来到杭州龙井狮峰山下，看乡女采茶，以示体察民情。这天，乾隆皇帝看见几个乡女正在十多棵茶蓬前采茶，心中一乐，也学着采了起来。刚采了一把，忽然太监来报："太后有病，请皇上急速回京。"乾隆皇帝听说太后娘娘有病，随手将一把茶叶向袋内一放，日夜赶回京城。其实太后只因山珍海味吃多了，一时肝火上升，双眼红肿，胃里不适，并没有大病。此时见皇儿来到，只觉一股清香传来，便问带来什么好东西。皇帝也觉得奇怪，哪来的清香呢？他随手一摸，发现原来是杭州狮峰山的一把茶叶，几天过后已经干了，浓郁的香气就是它散出的。太后便想尝尝茶叶的味道，宫女将茶泡好，茶送到太后面前，果然清香扑鼻，太后喝了一口，双眼顿时舒适多了，喝完了茶，红肿消了，胃不胀了。太后高兴地说："杭州龙井的茶叶，真是灵丹妙药。"乾隆皇帝见太后这么高兴，立即传旨下去，将杭州龙井狮峰山下胡公庙前那十八棵茶树封为御茶，每年采摘新茶，专门进贡太后。至今，杭州龙井村胡公庙前还保存着十八棵御茶，到杭州的旅游者中有不少还专程去察访一番，拍照留念。

（七）惠明茶

惠明茶名冠全球，1915年选送参展巴拿马举行的万国博览会，荣获一等证书和金质奖章，从此名声更盛，称为"金质惠明"。

惠明茶产于浙江省景宁县赤木山惠明寺周围，关于惠明茶由来的传说：相传在唐朝大中年间，有个回族老翁名雷太祖，带着四个儿子，由广东逃荒到江西，又从江西流浪到浙江。在江西途中，遇到一个和尚，相处和睦，一路同行到浙江。分开后，雷太祖便在景宁县大赤坑的荒凉茶山坞里搭起茅棚，父子靠垦荒种地度日。后来被强人发现，硬说雷太祖占了他的土地，就被赶下了山。雷太祖父子只得重过流浪生活。事有凑巧，他们又在景宁县鹤溪镇遇见了那个同行的和尚，和尚非常同情雷太祖父子的遭遇。就把他们带到自己的寺院里，原来这个和尚就是赤木山惠明寺的开山始祖。和尚嘱咐雷氏父子在惠明寺周围辟地种茶，很快获得发展，这就是传说中惠明茶的由来。惠明茶佳，惠明寺旁的南泉水也佳。"惠明茶，南泉水"所泡之茶，"一杯淡、二杯鲜、三杯甘醇，四韵犹存"，味浓持久，回味鲜醇香甜，正是高雅名茶之特色。

（八）黄山毛峰

黄山位于安徽省南部，是著名的游览胜地，而且群山之中所产名茶"黄山毛峰"，品质优异。讲起这种珍贵的茶叶，还有一段有趣的传说。明朝天启年间，江南黟县新任县官熊开元带书童来黄山春游，迷了路，遇到一位斜挎竹篓的老和尚，便借宿于寺院中。长老泡茶敬客时，知县细看这茶叶色微黄，形似雀舌，身披白毫，沸水冲泡下去，只看热气绕碗边转了一圈，转到碗中心后就直线升腾，约有一尺高，然后在空中转一圆圈，化成一朵白莲花。那白莲花又慢慢上升化成一团云雾，最后散成一缕缕热气飘荡开来，幽香满室。知县问后方知此茶名叫黄山毛峰，临别时长老赠送此茶一包和黄山泉水一葫芦，并嘱一定要用此泉水冲泡才能出现白莲奇景。熊知县回县衙后正遇同窗旧友太平知县来访，便将冲泡黄山毛峰表演了一番。太平知县甚是惊喜，后来即到京城禀奏皇上，想献仙茶邀功请赏。皇帝传令进宫表演，然而不见白莲奇景出现，皇上大怒，太平知县只得据实说道乃黟县知县熊开元所献。皇帝立即传令熊开元进宫受审，熊知县进宫后方知未用黄山泉水冲泡之故，讲明缘由后请求回黄山取水。熊知县来到黄山拜见长老，长老将山泉交付给他。在皇帝面前再次冲泡玉杯中的黄山毛峰，果然出现了白莲奇观，皇帝看得眉开眼笑，便对熊知县说道："朕念你献茶有功，升你为江南巡抚，三日后就上任去吧。"熊知县心中感慨万千，暗忖道："黄山名茶尚且品质清高，何况为人呢？"于是脱下官服玉带，来到黄山云谷寺出家做了和尚，法名正志。如今在苍松入云、修竹夹道的云谷寺下的路旁，有一檗庵大师的墓塔遗址，相传就是正志和尚的坟墓。

（九）白毫银针

福建省东北部的政和县盛产一种名茶，色白如银形直如针，据说此茶有明目降火的奇效，可治"大火症"，这种茶就叫"白毫银针"。

传说很早以前，有一年，政和一带久旱不雨，瘟疫四起，病者、死者无数。在东方云遮雾挡的洞宫山上有一口龙井，龙井旁长着几株仙草，揉出草汁能治百病，草汁滴在河里、田里，就能涌出水来，因此要救众乡亲，除非采得仙草来。当时有很多勇敢的小伙子纷纷去寻找仙草，但都有去无回。有一户人家，家中兄妹三人，大哥名志刚，二哥叫志诚，三妹叫志玉。三人商定先由大哥去找仙草，如不见人回，再由二哥去找，假如也不见回，则由三妹寻找下去。这一天，大哥志刚出发前把祖传的鸳鸯剑拿了出来，对弟弟妹妹说："如果发现剑上生锈，便是大哥不在人世了。"接着就朝东方出发了。走了三十六天，终于到了洞宫山下，这时路旁走出一位白发银须的老爷爷，问他是否要上山采仙草，志刚答是，老爷爷说仙草就在山上龙井旁，可上山时只能向前千万不能回头，否则采不到仙草。志刚一口气爬到半山腰，只见满山乱石，阴森恐怖，身后传来喊叫声，他不予理睬，只管向前，但忽听一声大喊："你敢往上闯"，志刚大惊，一回头，立刻变成了这乱石岗上的一块新石头。这一天志诚兄妹在家中发现剑已生锈，知道大哥已不在人世了。于是志诚拿出箭镞对志玉说："我去采仙草了，如果发现箭镞生锈，你就接着去找仙草。"志诚走了四十九天，也来到了洞宫山下遇见白发老爷爷，老爷爷同样告诉他上山时千万不能回头。当他走到乱石岗时，忽听身后志刚大喊："志诚弟，快来救我"，他猛一回头，也变成了一块巨石。志玉在家中发现箭镞生锈，知道找仙草的重任落到了自己的头上。她出发后，途中也遇见白发老爷爷，同样告诉她千万不能回头等话，且送给她一块烤糍粑，志玉谢后背着弓箭继续往前起，来到乱石岗，奇怪声音四起，她急中生智用糍粑塞住耳朵，坚决不回头，终于爬上山顶来到龙井旁，拿出弓箭射死了黑龙，采下仙草上的芽叶，并用井水浇灌仙草，仙草立即开花结子，志玉采下种子，立即下山。过乱石岗时，她按老爷爷的吩咐，将仙草芽叶的汁水滴在每一块石头上，石头立即变成了人，志刚和志诚也复活了。兄妹三人回乡后将种子种满山坡。这种仙草便是茶树，于是这一带年年采摘茶树芽叶，晾晒收藏，广为流传，这便是白毫银针名茶的来历。

（十）大红袍

大红袍是福建省武夷岩茶（乌龙茶）中的名丛珍品。它的来历传说很多，传说古时，有一穷秀才上京赶考，路过武夷山时，病倒在路上，幸被天心庙老方丈看见，泡了一碗茶给他喝，果然病就好了。后来秀才金榜题名，中了状元，还被招为东床驸马。一个春日，状元来到武夷山谢恩，在老方丈的陪同下，前呼后拥，到了九龙窠，但见峭壁上长着三株高大的茶树，枝叶繁茂，吐着一簇簇嫩芽，在阳光下闪着紫红色的光泽，煞是可爱。老方丈说，去年你犯鼓胀病，就是用这种茶叶泡茶治好。很早以前，每逢春日茶树发芽时，就鸣鼓召集群猴，穿上红衣裤，爬上绝壁采下茶叶，炒制后收藏，可以治百病。状元听了要求采制一盒进贡皇上。第二天，庙内烧香点烛、击鼓鸣钟，召集大小和尚，向九龙窠进发。众人来到茶树下焚香礼拜，齐声高喊"茶发芽"，然后采下芽叶，精工制作，装入锡盒。状元带了茶进京后，正遇皇后肚疼鼓胀，卧床不起。状元立即献茶让皇后服下，果然茶到病除。皇上大喜，将一件大红袍交给状元，让他代表自己去武夷山封赏。一路上礼炮轰响，火烛通明，到了九龙窠，状元命一樵夫爬上半山腰，将皇上赐的大红袍披在茶树上，以示皇恩。说也奇怪，等掀开大红袍时，三株茶树的芽叶在阳光下闪出红光，众人说这是大红袍染红的。后来，人们就把这三株茶树叫作"大红袍"了。有人还在石壁上刻了"大红袍"三个大字，从此大红袍就成了年年岁岁的贡茶。

（十一）君山银针

湖南省洞庭湖的君山，一千多年前就产银针名茶，茶芽细嫩，满披茸毛，很早就成为全国十大名茶之一。据说君山茶的第一颗种子还是四千多年前娥皇、女英播下的。从五代的时候起，银针就被作为"贡茶"，年年向皇帝进贡。后唐的第二个皇帝明宗李嗣源，第一回上朝的时候，侍臣为他捧杯沏茶，开水向杯里一倒，马上看到一团白雾腾空而起，慢慢地出现了一只白鹤。这只白鹤对明宗点了三下头，便朝蓝天翩翩飞去了。再往杯子里看，杯中的茶叶都齐崭崭地悬空竖了起来，就像一群破土而出的春笋。过了一会，又慢慢下沉，就像是雪花坠落一般。明宗感到很奇怪，就问侍臣是什么原因。侍臣回答说："这是君山的白鹤泉（即柳毅井）水，泡黄翎毛（即银针茶）的缘故。白鹤点头飞入青天，是表示万岁洪福齐天；翎毛竖起，是表示对万岁的敬仰；黄翎缓坠，是表示对万岁的诚服。"明宗听了，心里十分高兴，立即下旨把君山银针定为贡茶。上述侍臣的一番话自是讨好皇上，事实上，细嫩的君山银针茶，冲泡时，确有棵棵茶芽竖立悬于杯中，上下沉浮，倒是极为美观的。

（十二）碧螺春

江苏省苏州太湖东、西洞庭山出产"碧螺春"茶，碧绿的嫩叶卷曲似螺，绿油油、毛茸茸。这种名茶的由来有着一段动人的故事。传说在很早以前，西洞庭山上住着一位美丽、勤劳、善良的姑娘，名叫碧螺。东洞庭山上住着一位小伙子，名叫阿祥，打鱼为生，两人相亲相爱。但不久灾难来临，太湖中出现了一条恶龙，作恶多端，扬言要碧螺姑娘作它的妻子，如不答应，便兴风作浪，让人民不得安宁。阿祥得知此事后，便决心为民除害，他手持鱼叉潜入湖底，与恶龙搏斗，最后终将恶龙杀死，但阿祥也因流血过多而昏迷过去。碧螺姑娘将阿祥抬到家中，亲自照料，但不见转好。碧螺姑娘为了抢救阿祥便上山寻找草药。在山顶见有一株小茶树，虽是早春，已发新芽，她用嘴逐一含着每片新芽，以体温促其生长，芽叶很快长大了，她采下几片嫩叶泡水后给阿祥喝下，阿祥果然顿觉精神一振，病情逐渐好转。于是碧螺姑娘把小茶树上的芽叶全部采下，用薄纸包好紧贴胸前，使茶叶慢慢暖干，然后搓揉，泡茶给阿祥喝。阿祥喝了这种茶水后，身体很快康复，然而碧螺姑娘却一天天憔悴下去，原来碧螺姑娘的元气全凝聚在茶叶上了，最后碧螺姑娘带着甜蜜幸福的微笑倒在阿祥怀里，再也没有醒过来。阿祥悲痛欲绝，他把碧螺姑娘埋在洞庭山上，从此，山上的茶树越长越旺，品质格外优良。为了纪念这位美丽善良的姑娘，乡亲们便把这种名贵的茶叶取名为"碧螺春"。

（十三）白牡丹

福建省福鼎县一带盛产白牡丹茶，这种茶身披白茸毛的芽叶成朵，宛如一朵朵白牡丹花，有润肺清热的功效，常当药用。传说这种茶树是牡丹花草变成的。在西汉时期，有位名叫毛义的太守，清廉刚正，因看不惯贪官当道，于是弃官随母去深山老林归隐。母子俩骑白马来到一座青山前，只觉得异香扑鼻，于是便向路旁一位鹤发童颜、银须垂胸的老者探问香味来自何处。老人指着莲花池畔的十八棵白牡丹说，香味就来源于它。母子俩见此处似仙境一般，便留了下来，建庙修道，护花栽茶。一天，母亲因年老加之劳累，口吐鲜血病倒了。毛义四处寻药，正在万分焦急、非常疲劳睡倒在路旁时，梦中又遇见了那位白发银须的仙翁，仙翁问清缘由后告诉他："治你母亲的病须用鲤鱼配新茶，缺一不可。"毛义醒来回到家中，母亲对他说："刚才梦见仙翁说我须吃鲤鱼配新茶，病才能治好。"母子二人同做一梦，认为定是仙人的指点。这时正值寒冬季节，毛义到池塘里破冰捉到了鲤鱼，但冬天到哪里去采新茶？正在为难之时，忽听得一声巨响，那十八棵牡丹竟变成了十八棵仙茶，树上长满嫩绿的新芽叶。毛义立即采下晒干，说也奇怪，白毛茸茸的茶叶竟像是朵朵白牡丹花，且香气扑鼻。毛义立即用新茶煮鲤鱼给母亲吃，母亲的病果然好了，她嘱咐儿子好生看管这十八棵茶树，说罢跨出门便飘然飞去，变成了掌管这一带青山的茶仙，帮助百姓种茶。后来为了纪念毛义弃官种茶、造福百姓的功绩，建起了白牡丹庙，把这一带产的名茶叫作"白牡丹茶"。

（十四）蒙顶茶

"扬子江心水，蒙山顶上茶"，蒙顶茶自唐朝起就被列为"贡茶"，品质优异，人人皆知。可是，知道它的来历的人却并不多。相传，很古的时候，青衣江有条仙鱼，经过千年修炼，成了一个美丽的仙女。仙女扮成村姑，在蒙山玩耍，拾到几颗茶籽，这里正巧碰见一个采花的青年，名叫吴理真，两人一见钟情。鱼仙掏出茶籽，赠送给吴理真，订了终身，相约在来年茶籽发芽时，鱼仙就前来和理真成亲。鱼仙走后，吴理真就将茶籽种在蒙山顶上。第二年春天，茶籽发芽了，鱼仙出现了，两人成亲之后，相亲相爱，共同劳作，培育茶苗。鱼仙解下肩上的白色披纱抛向空中，顿时白雾弥漫，笼罩了蒙山顶，滋润着茶苗，茶树越长越旺。鱼仙生下一儿一女，每年采茶制茶，生活倒也美满。但好景不长，鱼仙偷离水晶宫，私与凡人婚配的事，被河神发现了。河神下令鱼仙立即回宫。天命难违，鱼仙只得忍痛离去。临走前，嘱咐儿女要帮父亲培植好满山茶树，并把那块能变云化雾的白纱留下，让它永远笼罩蒙山，滋润茶树。吴理真一生种茶，活到八十岁，因思念鱼仙，最终投入古井而逝。后来有个皇帝，因吴理真种茶有功，追封他为"甘露普慧妙济禅师"。蒙顶茶因此世代相传，朝朝进贡。贡茶一到，皇帝便下令派专人去扬子江取水，取水人要净身焚香，午夜驾小船至江心，用锡壶沉入江底，灌满江水，快马送到京城，煮沸冲沏那珍贵的蒙顶茶，先祭先皇列祖列宗，然后与朝臣分享香醇的清茶。

（十五）龙井茶与虎跑泉

龙井茶、虎跑泉素称"杭州双绝"。虎跑泉是怎样来的呢？据说很早以前有兄弟二人，名大虎和二虎。二人力大过人，有一年二人来到杭州，想安家住在现在虎跑的小寺院里。和尚告诉他俩，这里吃水困难，要翻几道岭去挑水，兄弟俩说，只要能住，挑水的事我们包了，于是和尚收留了兄弟俩。有一年夏天，天旱无雨，小溪也干涸了，吃水更困难了。一天，兄弟俩想起流浪路过的南岳衡山的"童子泉"，如能将童子泉移来杭州就好了。兄弟俩决定去衡山移来童子泉，一路奔波，到衡山脚下时就都昏倒了，狂风暴雨发作，风停雨住过后，他俩醒来，只见眼前站着一位手拿柳枝的小孩，这是管"童子泉"的小仙人。小仙人听了他俩的诉说后用柳枝一指，水洒在他俩身上，霎时，兄弟二人变成两只斑斓猛虎，小孩跃上虎背。老虎仰天长啸一声，带着"童子泉"直奔杭州而去。老和尚和村民们夜里作了一个梦，梦见大虎、二虎变成两只猛虎，把"童子泉"移到了杭州，天亮就有泉水了。第二天，天空霞光万朵，两只猛虎从天而降，猛虎在寺院旁的竹园里，前爪刨地，不一会儿就刨了一个深坑，突然狂风暴雨大作，雨停后，只见深坑里涌出一股清泉，大家明白了，肯定是大虎和二虎给他们带来的泉水。为了纪念大虎和二虎给他们带来的泉水，他们给泉水起名叫"虎刨泉"，后来为了顺口就叫成"虎跑泉"。用虎跑泉泡龙井茶，色香味绝佳，现今的虎跑茶室，就可品尝到这"双绝"佳饮。

五、关于茶的楹联、谜语

（一）茶联

茶联是以茶为题材的对联，是茶文化的一种文学艺术兼书法形式的载体。我国各地茶馆、茶楼、茶园、茶亭的门庭或石柱上，往往有这样的对联、匾额。茶中店的对联如："瑞草抽芽分雀舌，名花采蕊结龙团。"雀舌、龙团都是名茶。茶馆的对联如："茶香高山云雾质，水甜幽泉霜雪魂。"称颂所用茶、水之俱佳。清代著名文人郑板桥，一生写了不少对联，其中有不少茶联佳作，如："从来名士能评水，自古高僧爱斗茶"是为扬州青莲斋所题。常见的茶额有："陆羽遗风""茗家世珍""茶苑""香萃堂"等。现代的茶艺馆也每每以茶联显示文化品位。

我国都市茶楼或茶馆中，都有令人玩味无穷的茶联。茶联中最妙趣横生的，要数妙手天成的回文茶联了。某地一茶馆，其茶联云："趣言能适意，茶品可清心"，回过来则为："心清可品茶，意适能言趣"，仔细品读，意境非凡，令人回味无穷，为茶联中的佼佼者。茶联常悬于茶室或茶店，一般着力宣扬茶功茶效，以招徕顾客。如"香茶分上露，水汲石中泉""尘虑一时净，清风两腋生""泉香好解相如渴，火候闲评东坡诗""松涛烹雪醒诗梦，竹院浮烟荡俗尘""喜报捷音一壶春暖，畅谈国事两腋生风""九曲夷山采雀舌，一溪活水煮龙团"。在这里，大多以静、雅为主，没有"人生得意须尽欢"的醉态，却有"每临大事有静气"的持重。在我国，凡是有以茶联谊的场所，诸如茶馆、茶楼、茶亭、茶座等的门庭或石柱上，茶道、茶礼、茶艺表演的厅堂内，往往可以看到以茶为题材的楹联、对联和匾额，这既美化了环境，增强文化气息，又促进了品茗情趣。

北京万和楼茶社有一副对联："茶亦醉人何必酒，书能香我无须花。"在茶与酒、书与花的对比中表现了文人雅士尚茶嗜书的高雅。

清代乾隆年间，广东梅县叶新莲曾为茶酒店写过这样一副对联："为人忙，为己忙，忙里偷闲，吃杯茶去；谋食苦，谋衣苦，苦中取乐，拿壶酒来。"联语通俗易懂，辛酸中有乐观的生活态度。

"扬子江中水，蒙山顶上茶。"这副出自明代童汉臣的茶联，一直流传至今。

（二）谚语

谚语是流传在民间的口头文学形式，它不是一般的传言，而是通过一两句歌谣式朗朗上口的概括性语言，总结劳动者的生产劳动经验和他们对生产、社会的认识。晋人孙楚《出歌》说："姜桂茶荈出巴蜀，椒橘木兰出高山。"这是关于茶的产地的谚语。唐代出现记载饮茶茶谚的著作。唐人苏廙《十六汤品》中载："茶瓶用瓦，如乘折脚骏登山。"元曲中许多剧作里有"早晨开门七件事：柴、米、油、盐、酱、醋、茶"，这里讲茶在人们日常生活中的重要性，说明已是常见的谚语。茶谚中以生产谚语为多。早在明代就有一条关于茶树管理的重要谚语，叫作"七月锄金，八月锄银"。意思是说，给茶树锄草最好的时间是七月，其次是八月。广西农谚说："茶山年年铲，松枝年年砍。"浙江有谚语："若要茶，伏里耙。"湖北也有类似谚语："秋冬茶园挖得深，胜于拿锄挖黄金。"关于采茶，湖南谚曰："清明发芽，谷雨采茶。"或说："吃好茶，雨前嫩尖采谷芽。"湖北又有一种说法："谷雨前，嫌太早，后三天，刚刚好，再过三天变成草。"茶谚，反映出不同地区、不同品种在茶山生产管理上的差异。下面将流传较广的部分谚语罗列一二：

宁可三日无食，不可一日无茶。

一日无茶则滞，三日无茶则病。

藏人茶饱肚，汉人饭饱肚。

宁可三天无油盐，不可一日不喝茶。

茶是草，客是宝，得罪茶商不得了。

二日茶叶一斤盐，斤半茶叶有衣穿，改善生活在眼前；

一斤茶叶十斤钢，四斤茶叶百斤粮，建设祖国富又强。

勤俭姑娘，鸡鸣起床，梳头洗面，先煮茶汤。

茶好客自来。

好茶一杯，不用请医家。

茶逢知己千杯少，壶中共抛一片心。

君子之交淡如水，茶人之交醇如茶。

一天三餐油茶汤，一餐不吃心里慌。

好茶敬上宾，次茶等常客。

客从远方来，多以茶相待。

清茶一杯，亲密无间。

萝卜就热茶，闲得大夫腿发麻。

若要富，种茶树，茶树是棵摇钱树。

无茶不成仪。

烟酒是亲家，烟茶是冤家。

【本章小结】

本章介绍了中国茶文化的内涵和构成、各民族饮茶习俗以及茶与文学艺术的关系等内容，这些构成了学习茶艺的基础与必要条件。

【知识链接】

陆羽与《茶经》

陆羽，字鸿渐，号竟陵子、桑苎翁、东冈子，唐玄宗开元二十一年（733年）生于复州竟陵（今湖北天门）。一生嗜茶，精于茶道，以写作世界第一部茶叶专著——《茶经》闻名于世，对中国茶业和世界茶业做出了卓越贡献，被誉为"茶圣"，奉为"茶仙",祀为"茶神"。《茶经》全书共分上、中、下三卷,包括之源、之具、之造、之器、之煮、之饮、之事、之出、之略、之图十章,7000余字,分别叙述了茶的生产、饮用、茶具、茶事、茶区等问题。

赵佶与《大观茶论》

赵佶,多才多艺,尤以书画知名,但却治国无术,在位期间,过分追求奢侈生活,大肆搜刮民财,穷奢极侈,荒淫无度。

赵佶喜茶,不仅在于他精于茶事,擅长茶艺,更有趣的是,他竟放下皇帝之尊,亲自为臣下烹茗调茶。赵佶以皇帝之尊,写有《茶论》一篇,人称《大观茶论》,是我国历史上唯一一部由皇帝御写的茶书,是宋代茶书的代表作之一。

《大观茶论》共二十目,分别论述了地产、天时、采制、品目、烹煎之术等内容,可谓详尽,为后人留下了宝贵的历史资料,从中也不难看出赵佶在茶中所化的工夫之深。

宋徽宗认为白茶是茶中之精品。皇帝提倡,群臣自然奉和,于是一时白茶盛行,贡茶品目又纷纷翻新,各地茶农则叫苦连天。

【案例】

茶文化与旅游的结合

2018中国(昆明)国际茶产业博览会,多部门联合发布13条茶旅游线路评选,将茶与旅游有机结合,把田园风光、生态环境、市井风情、社交娱乐连成一体,不但迎合了现代人追求自然、体验文化的需要,而且把饮食起居与赏心悦目的审美情趣进行了完美融合。

①普洱寻茶之源精品旅游线路;②古茶山探秘之旅;③寻问冰岛、昔归——临沧茶山行;④冰岛房车摄影之旅·千年古茶问茶之旅;⑤千年古茶问茶之旅;⑥金秋学茶之旅·腾冲茶山行;⑦高黎贡·康腾帐篷品茗之旅;⑧官寨古茶,体味龙韵——德宏茶山行;⑨南诏风情茶之旅;⑩大渡岗万亩茶园考察体验;⑪西双版纳热带雨林、基诺风情——古六大茶山休闲游;⑫西双版纳古六大茶山深度游;⑬西双版纳贺开古茶山探秘之旅。

【教学实践】

1. 走访当地的茶叶市场,收集有关茶叶、茶具销售品种、价格等与茶叶经济相关的资料,谈谈自己的认识和看法。

2. 根据各自条件组织一次茶会,如茶话会、申时茶会或无我茶会。通过活动提升学生对茶叶和茶文化的认识和感知。

3. 举办一场有关茶叶故事、传说、诗词歌赋的朗诵会。

【复习思考题】

1. 茶文化的社会功能是什么？

2. 任意选择五六个民族，说说各民族的饮茶习俗，增强自己的民族文化知识。

3. 以大理白族三道茶为例，说说饮茶习俗中所蕴含的哲理。

4. 陆羽的主要成就是什么？《茶经》在茶文化历史上具有怎样的地位？

5. 从众多茶诗词中选择自己喜爱的五首进行背诵。

任务二　茶叶基础知识

【学习目标】

  1. 认识有关茶树的起源、发展以及茶叶的形态特征。

  2. 掌握有关茶叶的加工、分类知识。

  3. 掌握有关茶叶审评的知识。

【学习重点】

  1. 了解茶树的起源、发展以及茶叶的形态特征。

  2. 掌握有关茶叶的加工、分类知识，能区分茶叶的种类。

  3. 掌握有关茶叶审评的知识，对茶叶的品质有明确的认识。

【案例导入】

  来自北方的茶商老周第一次到云南临沧市考察普洱茶资源，当地茶人为他推荐了云县白莺山。白莺山茶树资源极为丰富，被称为茶树博物馆，除勐库大叶种外，本山茶、黑条子茶、二嘎子茶等野生茶树众多，树龄上千年的古树茶比比皆是，最古老的一株白莺山茶王二嘎子树龄2800多年。因为古茶树长得高大茂密，采茶时一株茶树上站四五个人也是极为寻常的事。这让只见过江南茶园的老周啧啧称奇。

第一节　茶树的起源与形态

  我国是世界上最早发现和利用茶叶的国家，世界各国的茶叶都是由中国直接或间接传播出去的。

一、茶树起源于中国

  茶树在植物学的分类系统中属于被子植物门，双子植物纲，原始花被亚纲，山茶目，山茶科，山茶属。全世界山茶科植物共有23属380余种，中国就有15属260多种，大多分部在云南、贵州、四川和鄂西山地。

据古植物学家研究，茶树大约诞生于第三纪至第四纪之间，距今六七千万年。随着地质、气候的变化以及茶树的传播，茶树从最初的原种发展形成热带型的大叶变种和温带型的中、小叶变种。但它们的祖先原来就生长在我国西南地区。

我国是世界上最早发现和利用茶树的国家。汉代典籍中记载有"神农尝百草，日遇七十二毒，得茶而解之"的传说。神农氏是原始母系氏族社会的氏族首领。按此推算，中国人发现和利用茶叶已经有近五千年的历史。晋代常璩在公元前350年左右所写的《华阳国志·巴志》一书中记载，周武王伐纣时，巴蜀（今四川及云南、贵州部分地区）用茶叶作为"贡品"。而且当地已经有了人工栽培的茶园。这个时期距今已有三千多年。近年在云南凤庆县香竹箐锦绣村发现的大理茶植株系栽培型古茶树，树龄3200多年。以上这些资料充分说明：在远古时期，我们的先民就已经开始种植和利用茶树了。

世界各国对茶的称谓源于中国。"茶"字的形、音、义是中国最早确立的。我国古代典籍中，茶的名称很多。西汉司马相如的《凡将篇》称茶为"荈诧"，扬雄在《方言》中称茶为"蔎"，此外还有"荼""槚""茗"等。唐代中期，"茶"字出现并逐步统一，从此，"茶"字的形、音、义确定下来并一直沿用至今。

世界各国茶字的发音，无论是由陆路传播的"cha"，还是由海路传播的"tea"，皆起源于我国"茶""茶叶"的读音。所以说，中国是茶树的原产地。

二、茶树的形态特征

茶树是由根、茎、叶、花、果等器官所组成的。茶叶是采摘鲜叶加工制成的产品，也是最具经济价值的部分。叶是茎尖的叶原基发育而来的，是进行光合作用和蒸腾作用呼吸的主要器官，也是加工茶叶的原料。

茶树叶片可分为鳞片、鱼叶和真叶。一般所说的茶叶即指真叶。真叶的大小、色泽、厚度和形态各不相同，并因品种、季节、树龄、产地条件及农业技术措施等的不同而有很大差异。

叶形有卵圆形、椭圆形、长椭圆形、倒卵形、圆形、披针形等。其中，以椭圆形和卵形居多。叶面有光暗、粗糙、平滑之分，叶表面通常有不同程度的隆起。叶质有厚薄、软硬之分。叶尖形状有长短、尖钝之分，分锐尖、钝尖、渐尖、圆尖等种。叶缘有锯齿，一般有16~32对；叶脉呈网状，有明显的主脉，侧脉伸展至叶缘三分之二处向上弯曲呈弧形，并与上方侧脉相连。

叶片上的茸毛是茶树叶片形态的主要特征之一。茶树新梢上顶芽和嫩叶的背面均生长有茸毛。茸毛多是鲜叶细嫩、品质优良的标志。随着叶片成熟，茸毛逐渐稀短脱落。

锯齿状叶缘、侧脉特征、茶芽及嫩叶背面的茸毛，这是茶叶植物学三大特征，也是区分市场上茶和非茶类植物的依据。

三、茶树的生产知识

（一）茶树的适生条件

茶树的适生条件，主要是指气候和环境中的阳光、温度、水分和土壤等条件。

其一，茶树具有耐荫的特性，喜光怕晒。光照强度不仅与茶树光合作用和茶树的产量有紧密的关系，而且直接影响着茶叶的品质。一般来说，生长在植被茂盛的高山或云雾缭绕环境中的茶树，往往品质较平地茶好。所以有"高山出好茶"的说法。

其二，温度是茶树生长发育的基本条件。茶树喜暖怕寒，最适宜茶树生长的温度是20℃~30℃。当气温低于10℃时，茶芽停止萌发，处于冬季休眠状态。若温度较低，茶树会受到严重的冻害；如果气温高于35℃，茶树生长也会受到抑制。

其三，茶树对湿润条件较为适应。一般适宜种茶地区要求年降水量在1500mm左右，空气相对湿度在80%左右。水分不足或过多，都会影响茶树的生长、茶叶产量和茶叶品质。

其四，茶树生长所需要的养料和水分都来自土壤。适宜种茶的土壤要求土质结构好，土质疏松、通气性、透水性好，pH值在4.5~6.5的酸性土壤。

（二）茶树的繁殖

茶树繁殖分有性繁殖与无性繁殖两种方法，有性繁殖是利用茶籽进行播种，也叫种子繁殖。无性繁殖亦称营养繁殖，是利用茶树的根、茎等营养器官，在人工创造的适当条件下，经培育使之形成一株新的植株，包括扦插、压条和分株等。

传统栽培采用有性繁殖的方法。其操作简便易行，劳动力消耗较少，成本较低，茶苗有较强的生命力。但有性繁殖难于保持原有品种的特性，其后代易产生变异。

现代茶园种植面积大，要求茶树特性具有较高的一致性，所以普遍采用无性繁殖。茶树无性繁殖一般采用扦插繁殖的方法。无性繁殖栽培的苗木能充分保持母树的特征和特性，苗木的性状比较一致，既有利于茶园管理，又有利于扩大良种的数量。

（三）茶叶采摘

茶叶采摘在一定程度上决定着茶叶的产量和品质。茶叶采摘的总体要求是合理采摘。具体要求为按标准采、及时采、分批采和留叶采。

其一，按标准采。标准采指根据不同的需要按照一定的鲜叶嫩度标准来采摘。大体上有细嫩的标准、适中的标准、偏老的标准、粗老的标准四大类（见表2-1）。

表2-1　茶叶采摘标准对比

标准类型	适制茶	原料要求
细嫩的标准	名优茶	对鲜叶的嫩度和匀度要求较高，大多只采初萌的壮芽或初展的一芽一、二叶

标准类型	适制茶	原料要求
适中的标准	大宗红、绿茶	对鲜叶的嫩度要求适中，一般采摘一芽二、三叶和幼嫩的对夹叶
偏老的标准	乌龙茶	采摘时须等新梢生长近成熟，叶片开度达到八成，采下带驻芽的二、三片嫩叶
粗老的标准	黑茶、晒青茶等边销茶	对鲜叶的嫩度要求较低，主要采用粗老的叶片。采摘一芽四、五叶或对夹三、四叶的均可

其二，及时采。根据新梢芽叶生长情况及时地按标准将芽叶采摘下来。

其三，分批采。分批多次采是提高茶叶品质和数量的重要环节。根据茶树茶芽发育不一致的特点，采摘时先采达到标准的芽叶，未达到标准的待茶芽生长达到标准时再采，这样既有利于提高茶叶产量和质量，也有利于茶树的生长。

其四，留叶采。留叶采指在采摘芽叶的同时，把若干片新生叶子留养在茶树上。茶叶既是收获对象，又是茶树制造有机物、光合作用的主要器官，实行留叶采，可使茶树持续生长健壮，不断扩大采摘面，是稳定并提高产量和质量的有效措施。

第二节　中国茶叶的分类与品质特点

中国是世界上最早利用茶叶，也是最先掌握制茶工艺的国家。在茶叶生产加工的过程中，我们的祖先制作出了千姿百态的茶叶种类。

一、中国茶叶的分类、名品及品质特点

我国茶类众多，目前被广泛采用的分类方法是将中国茶叶分为基本茶类和再加工茶类两个大类。基本茶类包括绿茶、红茶、乌龙茶、白茶、黄茶、黑茶六大茶类（见图2-1）。

（一）绿茶的分类、名品及品质特点

绿茶的基本特征是清汤绿叶，属于不发酵茶。根据杀青方式和最后干燥方式的差别，分为炒青绿茶、烘青绿茶、晒青绿茶和蒸青绿茶四类。用热锅炒干称为炒青，用烘焙方式进行干燥的称为烘青，利用日光晒干的称为晒青，鲜叶经过高温蒸气杀青的称为蒸青。除此之外，还有半烘炒茶和半蒸炒茶等（见表2-2）。

```
                                   ┌ 炒青 ┌ 长炒青：杭炒青、屯炒青、婺炒青等
                                   │      ├ 扁炒青：龙井、大方等
                                   │      └ 圆炒青：平水珠茶
                            ┌ 绿茶 ┤ 烘青 ┌ 毛烘青
                            │      │      └ 特种烘青：黄山毛峰、太平猴魁等
                            │      ├ 晒青：滇青、川青、陕青等
                            │      └ 蒸青：煎茶、玉露等
                            │      ┌ 工夫红茶：祁门红茶、滇红工夫、宜红、宁红、湖红等
                            │ 红茶 ┤ 红碎茶：叶茶、碎茶、片茶、末茶等
                            │      └ 小种红茶：正山小种
                            │      ┌ 闽北乌龙：武夷岩茶、闽北水仙等
                 ┌ 基本茶类 ┤ 乌龙茶┤ 闽南乌龙：安溪铁观音等
                 │          │      ├ 广东乌龙：凤凰单枞等
                 │          │      └ 台湾乌龙：包种茶、冻顶乌龙、白毫乌龙等
                 │          ├ 白茶：白毫银针、白牡丹、贡眉、寿眉等
                 │          │      ┌ 黄大茶：霍山黄大茶等
中国茶叶 ┤        │ 黄茶 ┤ 黄小茶：北港毛尖等
                 │          │      └ 黄芽茶：君山银针、蒙顶黄芽等
                 │          └ 黑茶：湖南黑毛茶、湖北老青茶、四川做庄茶、广西六堡茶、云南普洱茶等
                 │          ┌ 紧压茶：砖茶、沱茶、饼茶、篓装茶等
                 │          ├ 花茶：茉莉花茶、桂花茶、玫瑰花茶等
                 └ 再加工茶 ┤ 速溶茶：速溶红、绿茶、乌龙茶、普洱茶等
                            ├ 罐装茶水：液体茶
                            └ 袋泡茶：袋泡红、绿茶、乌龙茶等
```

图 2-1　中国茶叶分类

表 2-2　绿茶分类、代表茶及品质特点

品名	大分类	细分类	代表茶	品质特点
绿茶	炒青茶	长炒青	婺炒青和屯炒青	高档茶条索紧结、浑直匀齐、有锋苗、色泽绿润；内质香气清高持久，滋味浓醇，汤色黄绿清澈明亮，叶底嫩匀黄绿明亮
		圆炒青	平水珠茶	外形呈颗粒状，高档茶圆紧似珠，匀净重实，色泽墨绿油润。内质香气纯正，滋味浓醇，汤色清明，叶底黄绿明亮，芽叶柔软完整
		扁炒青	龙井茶、大方茶、旗枪茶等	扁平尖削挺秀，光滑匀齐，色泽翠绿或嫩绿，香气鲜嫩清高持久，滋味鲜爽甘醇，汤色杏绿清澈明亮
	烘青茶		黄山毛峰、太平猴魁、开化龙顶	高档茶外形条索紧直，有锋苗、露毫，色泽深绿油润；内质香气清鲜，滋味鲜醇，汤色黄绿清澈明亮，叶底嫩绿明亮嫩匀完整
	晒青茶		滇青、鄂青、川青、黔青、湘青、豫青和陕青等	外形条索尚紧结，色泽乌绿欠润，香气低闷，常有日晒气，汤色及叶底泛黄，常有红梗红叶

续表

品名	大分类	细分类	代表茶	品质特点
绿茶	蒸青茶		中国煎茶、恩施玉露	煎茶的品质要求干茶、汤色和叶底"三绿"。高档茶条索细紧圆整，挺直呈针形，匀称有尖锋，色泽鲜绿有光泽；香气似苔菜香，味醇和、回味带甘，茶汤清澈呈淡黄绿色。中、低档茶，条索紧结略扁，挺直较长，色泽深绿，香气尚清香，滋味醇和略涩，叶底青绿色

（二）红茶的分类、名品及品质特点

红茶为全发酵茶，品质特点是"红汤红叶"。红茶根据加工方法的不同，分为工夫红茶、红碎茶、小种红茶三种。工夫红茶是条形红毛茶经多道工序、精工细做而成的，因颇花工夫，故得此名。红碎茶是在揉捻过程中，边揉边切，或直接经切碎机械将茶条切细成为颗粒状。小种红茶条粗而壮实，因加工过程中有熏烟工序，使其香味带有松烟香味（见表2-3）。

表2-3 红茶分类、代表茶及品质特点

品名	分类	代表茶	品质特点
红茶	工夫红茶	祁红	按鲜叶原料的嫩匀度分为特级，一级至五级。其中高档祁红外形条索细紧挺秀，色泽乌润有毫，香气鲜嫩甜，带蜜糖香，滋味鲜醇嫩甜，汤色红艳，叶底柔嫩有芽，红匀明亮
		金骏眉	金骏眉首创于2005年，是在武夷山正山小种红茶传统工艺基础上进行改良，采用创新工艺研发的高端红茶。滋味不苦不涩、甘甜爽口、醇厚、无刺激感，具有复合型花果香、桂圆干香、红薯香，高山韵香明显。汤色金黄、清澈、"金圈"明显，耐冲泡，耐贮放。一般贮放1~2年后，香气更纯正，滋味更醇滑、更甘甜
		滇红	产于云南省的凤庆、临沧、云县、昌宁、勐海等县，品种为云南大叶种，根据鲜叶的嫩匀度不同，一般分为特级，一至五级。其中高档滇红外形条肥壮重实，显锋苗，色泽乌润显毫，香气嫩香浓郁，滋味鲜爽浓强，收敛性强，汤色红艳，叶底肥厚柔嫩，色红艳；中档茶外形条索肥嫩紧实，尚乌润有金毫，香气浓纯，类似桂圆香或焦糖香，滋味醇厚，汤色红亮，叶底尚嫩匀，红匀尚亮；低档茶条索粗壮尚紧，色泽乌黑稍泛棕，香气纯正，滋味平和，汤色红尚亮，叶底稍粗硬，红稍暗
	红碎茶		我国红碎茶分为叶茶、碎茶、片茶、末茶四个类型，各类型又细分若干花色。其中品种不同红碎茶品质有较大差异；花色规格不同，其外形形状、颗粒重实度及内质香味品质都有差别
	小种红茶	正山小种	外形粗壮肥实，色泽乌黑油润有光，汤色鲜艳浓厚，呈深金黄色，香气纯正高长，带松烟香，滋味醇厚类似桂圆汤味，叶底厚实，呈古铜色

（三）乌龙茶的分类、名品及品质特点

乌龙茶按产地不同分为福建乌龙茶、广东乌龙茶和台湾乌龙茶其中，福建乌龙茶又分为闽北乌龙茶和闽南乌龙茶（见表2-4）。其采制特点是采摘一定成熟度的鲜叶，经

萎凋、做青、杀青、揉捻、干燥后制成，形成其品质的关键工序是做青。传统乌龙茶的品质特点可概括为"绿叶红镶边，七泡有余香"，但近年来制茶工艺有较大变化。如铁观音发酵度偏轻，难再寻觅红镶边的踪迹。

表2-4 乌龙茶分类、代表茶及品质特点

品名	分类	代表茶	品质特点
乌龙茶（青茶）	闽北乌龙茶	闽北水仙、闽北乌龙、武夷水仙、武夷肉桂、武夷奇种、名岩名枞（大红袍、白鸡冠、水金龟、铁罗汉等）	条索壮结弯曲，干茶色泽较乌润，香气为熟香型，汤色橙黄明亮，叶底三红七绿，红镶边明显。其中武夷岩茶类如武夷水仙、武夷肉桂等香味具特殊的"岩韵"，汤色橙红浓艳，滋味醇厚回甘，叶底肥软、绿叶红镶边
	闽南乌龙茶	安溪铁观音、安溪色种、永春佛手、闽南水仙等	闽南乌龙茶做青时发酵程度较轻，揉捻较重，干燥过程间有包揉工序，形成外形卷曲，壮结重实，干茶色泽较砂绿润，香气为清香细长型，叶底绿叶红点或红镶边
	广东乌龙茶	岭头单枞、凤凰单枞无性系——黄枝香单枞、芝兰香单枞、玉兰香单枞、蜜兰香单枞等	岭头单枞条索紧结挺直，色泽黄褐油润；香气有自然花香，滋味醇爽回甘，蜜味显现，汤色橙黄明亮，叶底黄腹朱边柔亮。凤凰单枞主产于潮州市潮安县的名茶之乡凤凰镇凤凰山。外形也为直条形，紧结重实，色泽金褐油润或绿褐润；其香型因各名枞树型、叶型不同而各有差异，有浓郁栀子花香的，称为黄枝香单枞，香气清纯浓郁具自然兰花清香的，为芝兰香单枞，更有桂花香、蜜香、杏仁香、天然茉莉香、柚花香等。其滋味醇厚回甘，也因各名枞类型不同，其韵味和回甘度有区别
	台湾乌龙茶	包种茶	发酵程度是所有乌龙茶中最轻的，品质较接近绿茶。外形呈直条形，色泽深翠绿，带有灰霜点；汤色蜜绿，香气有浓郁的兰花清香，滋味醇滑甘润，叶底绿翠
		冻顶乌龙	产于台湾南投县的冻顶山，它的发酵程度比包种茶稍重。外形为半球形，色泽青绿，略带白毫，香气兰花香、乳香交融，滋味甘滑爽口，汤色金黄中带绿意，叶底翠绿，略有红镶边
		白毫乌龙	白毫乌龙是所有乌龙茶中发酵最重的，而且鲜叶嫩度也是乌龙茶中最嫩的，一般为带嫩芽采一芽二叶。其外形茶芽肥壮，白毫显，茶条较短，色泽呈红、黄、白三色；汤色呈鲜艳的橙红色，香气有天然的花果香，滋味醇滑甘爽，叶底红褐带红边，叶基部呈淡绿色，芽叶完整。白毫乌龙因外形秀丽，又有"东方美人"的美名

（四）白茶的分类、名品及品质特点

白茶是我国特种茶类之一，主产于福建福鼎、政和、建阳等地。传统工艺的白茶是不经炒、揉，直接萎凋干燥而成的片叶茶，属轻度发酵茶。

白茶按其鲜叶原料的茶树大小品种来分，可分为大白和小白。经精制后，花色品种

有白毫银针、白牡丹等（见表2-5）。除福建外，近年云南省采用白茶工艺制作的"月光白"，色泽黑（叶面）白（叶背茸毛显）分明，品质独特。

表2-5 白茶代表茶及品质特点

品名	代表茶	品质特点
白茶	白毫银针	以大白茶肥壮单芽采制而成。色泽银白，形似针，故称白毫银针。其品质特征为：外形单芽肥壮，满披白毫，香气清芬，滋味鲜醇，汤色清亮
	白牡丹	一芽二叶，芽叶连枝，白毫显露，形态自然，形似枯萎的花朵，故名白牡丹。特级茶要求选料细嫩，芽毫多而显壮，色泽灰绿或翠绿，芽毫银白，匀整度好；内质香气鲜爽，滋味清甜浓醇，汤色清澈橙黄

（五）黄茶的分类、名品及品质特点

黄茶的初制工序与绿茶基本相同，只是在干燥前后增加一道"闷黄"工序，导致黄茶香气变化，滋味变醇。黄茶的品质特征为"黄汤黄叶"，其代表茶如表2-6所示。

表2-6 黄茶代表茶及品质特点

品名	代表茶	品质特点
黄茶	君山银针	产于湖南省岳阳洞庭湖的君山。君山银针全部用未开展的肥嫩芽尖制成，制法特点是在初烘、复烘前后进行摊凉和初包、复包，其品质特征是外形芽头肥壮，满披茸毛，色泽金黄光亮；内质香气清鲜，汤色浅黄，滋味甜爽，叶底全芽，嫩黄明亮。冲泡在玻璃杯中，芽尖冲向水面，悬空竖立，继而徐徐下沉，部分壮芽可三上三下，最后立于杯底
	蒙顶黄芽	产于四川雅安名山县。鲜叶采摘为一芽一叶初展，初制分为杀青、初包、复锅、复包、三炒、四炒、烘焙等工序。品质特征外形芽叶整齐，形状扁直，肥嫩多毫，色泽金黄；内质汤色嫩黄，味甘而醇，叶底嫩匀，嫩黄明亮
	霍山黄芽	产于安徽霍山县。鲜叶采摘标准为一芽一叶、一芽二叶初展，初制分炒茶（杀青和做形）、初烘和摊放以及复烘和摊放、足烘等工序。每次摊放时间较长，约一两天，其品质特征是在摊放过程中形成的。黄芽的外形芽叶细嫩多毫，色泽黄绿；内质汤色黄绿带金黄圈，香气清高，带熟板栗香，滋味醇厚回甘，叶底嫩匀黄亮

（六）黑茶的分类、名品及品质特点

黑茶成品有散茶和紧压茶两类，其代表茶如表2-7所示。

表2-7 黑茶代表茶及品质特点

品名	代表茶	品质特点
黑茶	普洱茶	普洱茶是云南历史名茶，特级普洱茶的品质特征是外形条索紧细、匀整、色泽褐润显毫、匀净；内质陈香浓郁、滋味浓醇甘爽、汤色红浓明亮、叶底红褐柔嫩
	六堡茶	六堡茶产地范围为广西壮族自治区梧州市。六堡茶叶色褐黑光润，间有黄花点，叶底红褐。六堡茶素以"红、浓、陈、醇"四绝著称。其条索长整紧结，汤色红浓，香气陈厚，滋味甘醇可口。正统应带松烟和槟榔味，叶底铜褐色

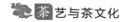

续表

品名	代表茶	品质特点
黑茶	安化茯砖	湖南安化普通茯砖茶砖面色泽黄褐，内质香气纯正，滋味醇和尚浓，汤色红黄尚明，叶底黑褐粗老。茯砖茶在泡饮时，要求汤红不浊，香清不粗，味厚不涩，口劲强，耐冲泡。茯砖茶特别要求砖内金黄色"金花"颗粒大，干嗅有黄花清香。"金花"是黑茶在安化当地特定环境条件下，通过"发花"工艺长成的自然益生菌体，专家命名为"冠突散囊菌"，具有较强的降脂降压、调节糖类代谢等功效
	泾阳茯砖	陕西茯砖出自于陕西咸阳泾阳，距今已有近千年历史。茯砖茶压制要经过原料处理、蒸气沤堆、压制定型、发花干燥、成品包装等工序，其中茯砖特有"发花"工序。其压制过程中要求砖体厚度松紧适中，便于微生物的繁殖活动。且茯砖砖模退出后，不直接送进烘房烘干，先包好商标纸，再送进烘房烘干。其外形茶体紧结，色泽黑褐油润，金花茂盛，茶汤橙红透亮，菌香四溢，滋味醇厚悠长

1. 散装黑茶

散装黑茶也称黑毛茶，鲜叶原料成熟度较高，主要有湖南的黑毛茶、湖北的老青茶、四川的做庄茶、广西的六堡散茶、云南的普洱茶等。

黑茶总的品质要求是香味纯和无粗涩气味，汤色橙黄，叶底黄褐或黑褐。

2. 紧压黑茶

指以黑毛茶为原料，经整理加工后，蒸压制成的各种形状的茶叶。根据压制的形状不同，可分为砖形茶（如茯砖茶、花砖茶、老青砖、米砖茶、云南砖茶等）、枕形茶（如康砖茶和金尖茶）、碗臼形茶（如普洱沱茶）、圆形茶（如饼茶、七子饼茶）等。

其品质要求是外观形状与规格要符合该茶类应有的规格要求，如成型的茶，外形平整，个体压制紧实或紧结，不起层脱面，压制的花纹清晰，具有该茶类应有的色泽特征；内质要求香味纯正，无酸、馊、霉、异等不正常气味，也无粗、涩等气味。

（七）再加工茶的分类及制作

所谓再加工茶，即以成品茶为原料进一步深加工为新的品种，如花茶、速溶茶、紧压茶等。

1. 花茶的窨制

花茶是中国特有的茶类，它是以经过精制的烘青绿茶为原料，经过窨花而成的。花茶也称熏花茶、香花茶、香片。花茶一般依窨制的鲜花而命名，如茉莉花茶、珠兰花茶、玉兰花茶、柚子花茶、玳玳花茶和玫瑰花茶等。也有在花名前加上窨花次数为名的，如单窨、双窨、三窨等。

（1）花茶的窨制原理。花茶的窨制是将鲜花与茶叶拌和，在静置状态下，茶叶缓慢吸收花香，然后除去花朵，将茶叶烘干而成花茶。花茶加工是利用鲜花吐香和茶叶吸香两个特性，一吐一吸，使茶味花香水乳交融，这是花茶窨制工艺的基本原理。由于鲜花的吐香和茶叶的吸香是缓慢进行的，所以花茶窨制过程的时间较长。

（2）花茶窨制工艺。花茶窨制工艺分茶坯处理、鲜花维护、拌和窨制、通花散热、收堆续窨、转窨或提花、复火摊凉、匀堆装箱等工序。

2. 速溶茶的制造

速溶茶是以成品茶为原料，通过提取、过滤、转溶、浓缩、干燥、包装等工艺处理后加工而成的一种粉状或颗粒状、易溶于水的固体饮料。

20世纪40年代，随着速溶咖啡的发展，在美国首先进行了速溶红茶的试制。到50年代在美、英等国，速溶茶均已发展成为一种茶叶新品种在市场上销售。我国在70年代开始试制速溶茶。随着科学技术的发展，新时期的速溶茶技术有很大提高，如市场认可度较高的帝泊洱即溶普洱茶珍，就是以云南普洱茶熟茶为原料，经过多次水提、浓缩、分离、再浓缩、喷雾干燥等数字化萃取方法制造成为纳米级的粉状物质。产品中的茶色素、茶多酚、茶多糖和咖啡因的含量得到提高，是一种便捷的健康饮品。

3. 紧压茶的压制技术

紧压茶是我国历史悠久的茶类，其历史可以追溯三国时期。唐代的蒸青饼茶和宋代的龙团凤饼均属紧压茶。其特点是便于运输和储存。紧压茶的压制，过去多用手工操作，如云南省的西双版纳等普洱茶传统产茶区现在还保留着传统的手工操作。使用石模压制茶饼，虽然手工操作劳动强度大，生产效率低，但压制成的饼茶松紧适度，透气性好。这是坚持传统工艺制茶企业固守手工生产的原因。大量的茶企则选择快速高效的机械加工。

紧压茶的品种很多，但其压制的主要工序基本相似，主要有称茶、蒸茶、装匣、预压、紧压、退匣、干燥等工序。

第三节 茶叶品质的鉴别

茶叶的品质是茶叶生产加工、销售贸易的重要指标。要保证茶叶具有好的品质，必须从产地环境条件、茶种选育、茶园管理、生产加工、包装运输、收藏等方面入手，严格遵守有关生产技术标准。

对茶叶品质的鉴别是一项技术性要求较高的工作，需要具有专门审评技术的评茶人员来完成。作为茶艺人员，必须了解和掌握一些审评的基础知识和技能，才能对茶叶品质有一个基本的认识。

一、茶叶审评方法

茶叶品质的鉴别，目前主要采用感官审评的方法，即通过视觉、嗅觉、味觉和触觉，对茶叶的优次进行评定。

（一）审评项目和审评因子

审评分干评外形和湿评（开汤）内质两项。外形包括形状、整碎、色泽、净度四个因子，内质包括香气、汤色、滋味、叶底四个因子。审评时，先干评后湿评，确定茶叶品质的项目，鉴别出茶叶品质的优次并确定等级。

1. 外形审评

包括形状、整碎、色泽、净度，如表2-8所示。

表2-8　茶叶审评的外形审评

审评项目	审评内容	审评要求
形状	包括嫩度和条索	嫩度是外形审评因子的重点，嫩度主要看芽叶比例与叶质老嫩，有无锋苗和毫毛及条索的光亮度。一般来说，嫩度好的茶叶，应符合该茶类规格的外形要求，条索紧结重实，芽毫显露，完整饱满。叶片卷转成条称为条索。条索是各类茶具有的一定外形规格，是区别商品茶类和等级的依据。一般长条形茶比松紧、弯直、壮瘦、圆扁、轻重，圆形茶评比颗粒的松紧、匀正、轻重、空实，扁形茶评比是否符合规格，平整光滑程度等
整碎	整碎是指茶叶的完整断碎程度以及拼配的匀整程度	好的茶叶要保持茶叶的自然形态，精制茶要看是否匀称，面张茶是否平伏
色泽	色泽是反映茶叶表面的颜色、色的深浅程度以及光线在茶叶面的反射光亮度	各种茶叶均有其一定的色泽要求，如红茶乌黑油润、绿茶翠绿、乌龙茶青褐色、黑茶黑油色等
净度	净度是指茶叶中含夹杂物的程度	净度好的茶叶不含任何夹杂物

2. 内质审评

包括香气、汤色、滋味、叶底，如表2-9所示。

表2-9　茶叶审评的内质审评

审评项目	审评内容	审评要求
香气	香气是茶叶冲泡后随水蒸气挥发出来的气味	由于茶类、产地、季节、加工方法的不同，就会形成与这些条件相应的香气。如红茶的甜香、绿茶的清香、乌龙茶的果香或花香、高山茶的嫩香、祁门红茶的砂糖香等。审评香气除辨别香型外，主要比较香气的纯异、高低、长短。香气纯异指香气与茶叶应有的香气是否一致，是否夹杂其他异味，香气高低可用浓、鲜、清、纯、平、粗来区分，香气长短也就是香气的持久性，香高持久是好茶，烟、焦、酸、馊、霉是劣变茶
汤色	汤色是茶叶形成的各种水溶物质，溶解于沸水中而反映出来的色泽	汤色在审评过程中变化较快，为了避免色泽的变化，审评中要先看汤色或者嗅香气与看汤色结合进行。汤色审评主要抓住色度、亮度、清度三方面。汤色随茶树品种、鲜叶老嫩、加工方法而变化，但各类茶有其一定的色度要求，如绿茶的黄绿明亮、红茶的红艳明亮、乌龙茶的橙黄明亮、白茶的浅黄明亮等

续表

审评项目	审评内容	审评要求
滋味	滋味是评茶人的口感反应	评茶时首先要区别滋味是否纯正，一般纯正的滋味可以分为浓淡、强弱、鲜爽、醇和几种。不纯正滋味有苦涩、粗青、异味，好的茶叶浓而鲜爽，刺激性强，或者富有收敛性
叶底	叶底是冲泡后剩下的茶渣	评定方法是以芽与嫩叶含量的比例和叶质的老嫩度来衡量。芽或嫩叶的含量与鲜叶等级密切相关，一般好的茶叶的叶底，嫩芽叶含量多，质地柔软，色泽明亮均匀一致

（二）审评要求

感官审评对标准样、环境、设施和人员均有专门的要求。

1. 设立实物标准样

实物标准样茶是鉴别茶叶品质的主要依据。实物标准样一般可分为毛茶标准样、加工标准样和贸易标准样三种。

2. 审评环境和设施

审评要求在专门的审评室进行，有专用的审评用具，如审评杯碗、评茶盘、天平、计时器等。此外，因为水质对茶叶汤色、香气和滋味的影响较大，所以必须选择符合评茶要求的用水，评茶时水的温度为100℃。

（三）大宗茶类的审评方法

1. 绿茶、红茶、黄茶、白茶的审评方法

（1）外形审评方法：绿茶、红茶、黄茶、白茶根据其花色品种不同，品质特征也各不相同，进行外形审评时应对照标准样茶，按照审评项目和品质规格进行评比，鉴别出品质的优次和确定等级。

（2）内质审评方法：内质审评毛茶和精制茶有所不同。

① 绿茶、红茶、黄茶、白茶毛茶：取有代表性的样茶4克，放入200毫升审评杯中，冲泡5分钟，将茶汤滤入审评碗中，评比内质各因子。

② 精制绿茶、红茶、黄茶、白茶：取有代表性样茶3克，放入150毫升审评杯中，冲泡5分钟，滤出茶汤，评比内质各因子。

2. 乌龙茶审评方法

（1）外形审评方法：对照标准样或成交样逐项评比外形各项因子。

（2）内质审评方法：混合茶样，取5克茶样，置于110毫升审评杯中，注满沸水，刮去泡沫，加盖浸泡，待2分钟后，闻盖香。然后将茶汤滤入110毫升评茶碗中，依次审评其汤色、滋味，每只茶样反复冲泡三次，冲泡时间依次为2分钟、3分钟、5分钟，最后将杯中茶渣移入叶底盘中，评叶底。

3. 花茶的审评方法

（1）外形审评方法：花茶审评除对照各省制订的花茶级型坯标准样评比条索（包括

嫩度）、整碎、色泽、净度等各项因子外，应侧重审评香气和滋味。

（2）内质审评的方法：把样盘里的成品样茶充分拌匀，用"三指中心取样法"均匀抽取具有代表性的样茶3克（应拣去花瓣、花柄、花蕊、花蒂、花干等），放入容量150毫升的审评杯中，用沸水冲泡，盖上杯盖，一般分两次冲泡，第一次3分钟，沥出茶汤后，先嗅杯中的香气，次看碗中的汤色，然后尝茶汤的滋味，再进行第二次冲泡，时间5分钟，评完香气、汤色、滋味后，把茶渣倒在叶底盘中评叶底。

4. 紧压茶的审评方法

（1）外形审评：紧压茶外形应对照实物标准样，评定其形状规格、色泽、松紧。其中分里茶、面茶的个体产品，如青砖茶、紧茶、饼茶、沱茶等先评整个外形的匀整度、松紧度和洒面是否光滑、包心是否外露等，再将个体打开，检视茶梗嫩度，里茶有否霉变及有无非茶类夹杂物等。不分里、面茶的成包（篓）产品，如湘尖茶、六堡茶、方包茶等，先将包内上、中、下部采集的茶样充分混匀，分取试样100克，置于评茶盘中，评比嫩度、色泽两项。六堡茶加评条索、净度两项。

（2）内质审评：将评茶盘中试样充分混匀后称取试样5克（沱茶、紧茶为4克），置于250毫升（沱茶、紧茶为200毫升）审评杯中，沸水冲泡至满，加盖浸泡10分钟（其中茯砖茶8分钟，沱茶、紧茶7分钟），滤入审评碗中，评比其香气、汤色、滋味、叶底。

【本章小结】

本章介绍了茶叶基础知识，涉及面广，对于初学者来说，有一定的难度。学习时可在掌握基础理论的前提下，结合本地实际，在生活实践中认茶识茶、品茶鉴茶，加深对茶叶相关知识的记忆。

【知识链接】

1. 云南的古茶树

（1）巴达大茶树：属野生茶。在云南省勐海县巴达区大黑山原始森林中。主干高达32.12米，直径1.21米，树龄1700余年。

（2）千家寨大茶树：属野生茶。在云南省镇沅县九甲乡千家寨。树高25.6米，树幅22米×20米，基部干径1.2米，叶片平均大小14厘米×5.8厘米。树龄为2700年。

（3）香竹箐大茶树：茶种为大理茶，在云南省凤庆县香竹箐锦绣村。树围5.82米，树干直径1.85米，树型乔木，树姿开张，树龄为3200年。

2. 如何鉴别新茶与陈茶

（1）色泽。一般来说，新茶色泽光鲜润泽，而陈茶枯涩黯褐。这是由于茶叶在储存过程中，受空气中氧气和光的作用，使构成茶叶色泽的一些色素物质发生缓慢的自动分解的结果。如绿茶经储存后，色泽由新茶时的青翠嫩绿逐渐变得枯灰黄绿，茶汤变得黄褐不清。红茶经储存后由新茶时的乌润变成灰褐。

（2）滋味。总的来说，新茶滋味浓醇鲜爽，陈茶滋味淡薄。陈茶经氧化后使可溶于水的有效成分减少，从而使茶叶滋味由醇厚变得淡薄。同时，鲜爽味减弱。

（3）香气。新茶香气清香，陈茶低浊。在储存过程中由于香气物质的氧化、缩合和缓慢挥发，使茶叶由清香变得低浊。

值得注意的是，并非所有的茶叶都是新茶比陈茶好。有的茶叶品种适当储存一段时间，品质反而显得更好些。例如西湖龙井、洞庭碧螺春、莫干黄芽、顾渚紫笋等，如果能在生石灰缸中贮放1~2个月，新茶中的青草气会消散，清香感增加。又如盛产于福建的武夷岩茶，隔年陈茶反而香气馥郁、滋味醇厚，湖南的黑茶、湖北的茯砖茶、广西的六堡茶、云南的普洱茶等，只要存放得当，不仅不会变质，甚至能提高茶叶品质。所以新茶与陈茶孰好，不能一概而论。

3.春茶、夏茶和秋茶

茶树新梢一年在春、夏、秋自然萌发三次，冬季休眠。故一年可以采茶三次，制成的茶叶也称春茶、夏茶、秋茶，以春茶为多，质量也最好。

春茶，是立春至立夏期间采摘加工的茶。春茶有"明前茶""雨前茶""春尾茶"之分。明前茶是指清明节以前生产的春茶，统称早春茶。"明前茶叶是个宝，芽叶细嫩多白毫"，早春茶是一年中最好的茶叶。雨前茶即"谷雨"节以前采制的春茶，又叫"春中茶"。"谷雨"至"立夏"所采的茶叶，叫"春尾茶"。

夏茶，是立夏后至立秋前采摘加工的茶。

秋茶，是立秋后采摘加工的茶。

【教学实践】

1. 在茶叶产地，可根据本章学习的茶叶知识，结合本地的茶树栽培情况，对茶树做实地考察，掌握茶树的形态特征。

2. 有条件的地方，组织学生参观茶山、茶园等茶叶种植地和茶叶加工厂，了解茶叶采摘加工的过程，增加对茶叶的感性认识。

3. 组织参观茶叶市场，认识市场销售的各种茶叶，掌握茶叶分类知识。

【复习思考题】

1. 为什么说茶叶起源于中国？

2. 茶叶的生物学特征是什么？

3. 茶叶采摘的标准采包括哪四类标准？按标准采包括哪些标准？适宜哪类茶叶的采摘？

4. 归纳六大茶类的品质特点及代表茶品。

5. 茶叶审评的项目和因子分别是什么？

任务三　茶艺基础知识

【学习目标】

　　1. 让学生了解茶艺的发展及基本内容。

　　2. 掌握茶艺的分类及特点。

【学习重点】

　　1. 了解茶艺的基本六要素。

　　2. 掌握茶艺的基本要求。

【案例导入】

　　唐人封演在其《封氏闻见记（卷六）》中记载了这样一个有趣的故事：御史大夫李季卿宣慰江南，至临淮县馆，或言伯熊善茶者，李公请为之。伯熊著黄被衫、乌纱帽，手执茶器，口通茶名，区分指点，左右刮目。茶熟，李公为啜两杯而止。既到江外，又言鸿渐能茶者，李公复请为之。鸿渐身衣野服，随茶具而入。既坐，教摊如伯熊故事，李公心鄙之。茶毕，命奴子取钱三十文酬煎茶博士。

　　简言之，茶圣陆羽和善于表演的常伯熊比试了一次茶艺，结果陆羽败下阵来。究其原因，无非常伯熊"著黄被衫、乌纱帽，手执茶器，口通茶名，区分指点"，而陆羽则"身衣野服，随茶具而入"，既没有常伯熊的表演服饰，也缺少讲解沟通。由此可见，从观赏者的角度来看，在煮好茶的基础上，与之相应的表演形式也是非常重要的。

第一节　茶艺的发展历史

　　追溯茶艺的发展历史，我们概括如下：中国茶艺萌芽于晋代，形成于唐代，成熟于宋代，发展于明清，发达于当代。

一、晋代是茶艺的萌芽时期

西晋诗人张载在《登成都白菟楼》有"芳茶冠六清，溢味播九区。"的诗句。这是首次描写茶叶的芳香和滋味，说明当时人们饮茶已经不是单纯地从生理需要出发，而是具有审美意味地在欣赏茶的芳香和滋味。也就是说人们已经开始将茶叶当作艺术欣赏的对象了，这是品茶艺术的萌芽。

晋代杜育的《荈赋》具有突出地位，是中国茶文学的开山之作。杜育的《荈赋》，除了描写茶叶的生长、采摘之外，还提到用水、器具、茶汤的泡沫，并着重描写茶汤的泡沫。对茶汤泡沫如此重视、欣赏，表明当时饮茶不是为了解渴、保健，而是细心观赏泡沫的美丽色彩和形状，这是真正的品茶，现代茶艺的几个要素如取水、择器、冲泡、观赏汤色等都已经具备了。

二、唐代是茶艺的形成时期

陆羽《茶经》中的煮茶技艺是在继承晋代以来的品茗艺术成就而形成的。陆羽在《茶经·六之饮》中将唐代的煮茶技艺概括为九项："一曰早、二曰别、三曰器、四曰火、五曰水、六曰炙、七曰末、八曰煮、九曰饮。"就是茶叶采制、茶叶鉴别、茶具、用火、用水、炙茶、碾末、煮茶、饮茶九个方面。其中以煮茶的技术要求最全面。规范化的茶艺就此形成并广为流传，成为唐代最具标志性的饮茶方法。

三、宋代是茶艺成熟时期

唐代茶艺重视"汤华"（泡沫）的培育对宋代影响很大。宋代的点茶法的最大的特点正是对泡沫的追求。宋代盛行的斗茶就是以泡沫越多越白越好，即所谓的"斗浮斗色"。当宋代茶人们发现将茶粉直接放在茶盏中冲点击拂会产生更多更美的泡沫时，就放弃了唐代的煮茶法，而将早已在民间流传的"庵茶法"加以改进发扬成点茶技艺。

对茶汤泡沫如此讲究，可见宋代点茶已经完全成为艺术行为，充满了诗情画意和审美情趣。除了泡沫之外，宋代茶人们还非常讲究茶汤的真味。宋代诗人们在诗歌中赞颂茶汤时经常是色、香、味并提，而且还将三者称为"三绝"。因此，"色、香、味"三绝被列为品茶的三大标准，是宋代茶艺臻于成熟的重要标志。

四、明、清是茶艺的发展时期

散茶冲泡在明代称为瀹茶法，其特点就是"旋瀹旋啜"，即将茶叶放在茶壶或茶杯里冲进开水就可直接饮用。瀹茶法的壶（杯）中茶汤没有"汤华"（泡沫）可欣赏，品茶的重点完全放在茶汤色香味的欣赏上，对茶汤的颜色也从宋代的以白为贵变成以绿为贵了。明代的茶书也非常强调茶汤的品尝艺术，如陆树声《茶寮记》的"煎茶七类"条目中首次设有"尝茶"一则，谈到品尝的具体步骤是："茶入口，先灌漱，须徐咽，俟甘津潮舌，则得真味。杂他果，则香味俱失"。

就是茶汤入口先灌漱几下，再慢慢下咽，让舌上的味蕾充分接触茶汤，感受茶中的各种滋味，此时会出现满口甘津，齿颊生香，才算尝到茶的真味。品茶时不要杂以其他有香味的水果和点心，因为它们会夺掉茶的真香。

罗廪的《茶解》也专门谈到品尝问题："茶须徐啜，若一吸而尽，连进数杯，全不辨味，何异佣作。卢仝七碗，亦兴到之言，未是事实。山堂夜坐，手烹香茗，至水火相战，俨听松涛，倾泻人瓯，云光缥缈，一段幽趣，故难与俗人言。"

他主张品尝茶汤要徐徐啜咽，细细品味，不能一饮而尽，连灌数杯，毫不辨别滋味如何，等于是庸人劳作牛饮解渴。真正的茶人品茶，最好是山堂夜坐，亲自动手，观水火相战之状，听壶中沸水发出像松涛一般的声音，香茗入杯，茶烟袅袅，恍若置身于云光缥缈之仙境，这样的幽雅情趣是难以和俗人讲清楚的。

五、当代是茶艺的兴盛时期

中国茶艺的高度发达时期是在当代。自从 20 世纪 70 年代茶文化热潮先后在海峡两岸兴起之后，茶艺活动蓬勃开展，很快推广到全国各地，甚至波及国外。最先做出成绩的是台湾的茶艺界人士。"茶艺"一词就是他们首先使用的。

经过近半个世纪的发展，中国茶艺呈现出百花齐放、异彩纷呈的大好态势。茶艺培训走进幼儿园、小学、中学和大学的课堂，成为传播茶文化、传播优秀传统文化的重要媒介。

第二节　茶艺的分类

茶艺按照不同的标准，可以划分为不同的类别。了解其分类，有助于我们熟悉茶艺，便于学习。

首先，按茶叶分类，可分为如龙井茶艺、碧螺春茶艺、花茶茶艺、宁红茶艺、普洱茶艺、铁观音茶艺、菊花茶艺、白茶茶艺……有多少种茶叶，就可以有多少种茶艺。

其次，按地区分类，可分为武夷茶艺、安溪茶艺、潮汕茶艺、婺源茶艺、徽州茶艺、台湾茶艺、香港茶艺……有多少个茶区，就可以有多少种茶艺。

最后，按冲泡方式分类，可分为功夫茶艺、盖碗茶艺、玻璃杯茶艺等。

为便于学习，我们把当代中国茶艺划分为三大类型：传统型茶艺、改良型茶艺、创新型茶艺。

一、传统型茶艺

传统型茶艺是指一直在民间流传没有经过专业人员加工整理的冲泡技艺。首先是四川和北方地区的盖碗茶艺，以冲泡花茶为主，也有用盖碗冲泡绿茶的。其次是闽广港台地区以小壶小杯冲泡的功夫茶艺，专泡乌龙茶。最后为江浙地区的玻璃杯茶艺，专泡名优绿茶，其历史较晚，是近代玻璃器皿盛行之后才开始使用的。而盖碗茶艺和功夫茶艺至少在清代初年就已经流行，历史较为古老。

（一）功夫茶艺

在传统茶艺中以功夫茶艺最具艺术性，也是目前各地茶艺馆中的当家品种。早在清代初年袁枚在《随园食单》中就记载："僧道争以茶献。杯小如胡桃，壶小如香橼，每斟无一两，上口不忍遽咽，先嗅其香，再试其味，徐徐咀嚼而体贴之。"

（二）盖碗茶艺

盛行于长江流域和北方地区，其覆盖面甚至比传统功夫茶艺还要广，主要用来冲泡绿茶和花茶，它是将茶叶放在杯中冲泡后直接饮用的，与现在闽广地区用它冲泡乌龙茶后再倒入小杯品饮还是不同的。盖杯上有杯盖，下有杯托，无论是冲泡还是品饮都有些讲究，颇有观赏价值，因此也经常成为茶艺表演的基本形式之一。盖碗茶艺历史也较为古老，曾经是清代宫廷茶艺的主要道具，在清朝、民国时期的北方茶馆里使用的主要茶具就是盖碗。

（三）玻璃杯茶艺

盛行于长江流域中下游的江浙地区，是冲泡龙井、碧螺春、君山银针等名优芽茶的理想器具。因为它的质地透明，人们在品饮时可以直接观赏汤色和茶芽在杯中的上下起落的优美形态。传统的玻璃杯茶艺泡茶技艺较为简单，就是茶叶放入玻璃杯中，再冲入开水，稍后即可品饮。

二、改良型茶艺

为了适应各种茶文化集会的茶艺展示和茶艺馆营业中的需要，茶艺专家们常常要将传统茶艺进行加工整理和改良提高，使之规范化、艺术化，更具有观赏性。其中较为成功的有台湾功夫茶艺、海派功夫茶艺、北京香片（盖碗）茶艺和玻璃杯茶艺等。

其中，与传统潮汕功夫茶艺比较，台湾功夫茶艺在三个方面加以改良。一是使用茶则和茶匙。二是创造"茶海（公道杯）"。三是创造了"闻香杯"。

三、创新型茶艺

创新型茶艺就是茶艺工作者根据一定的主题要求重新编创的茶艺节目，经常在各种茶会中表演，因形式多样、各具特色，令人耳目一新。这种茶艺因多在舞台上表演，并非是直接给客人泡茶品饮，故称之为"表演型茶艺"。因为它们都有一定的主题，故也称为"主题茶艺"。这些茶艺从取材上区分，大体上可分为4个类型：仿古、现实、宗教、民俗。

（一）仿古类

仿古类新编茶艺主要是根据古代茶书记载和考古资料编创的复原古人的品茗活动。如"仿唐清明宴""陆羽茶道""仿唐宫廷茶艺""仿宋点茶茶艺""清代宫廷茶艺"等。

（二）现实类

现实类新编茶艺主要是取材于现实生活而编创的茶艺节目，具有一定的现实教育意义。

（三）宗教类

宗教类新编茶艺主要是取材于佛门和道观的茶事活动而编创的茶艺节目，表现禅茶一味和道家天人合一的主题。通过这些茶艺表演，可以有助于观众对中国茶道与儒、释、道哲学思想关系的体会。

（四）民俗类

民俗类新编茶艺主要是取材于民间的饮茶习俗而加以整理提高的茶艺节目。其中又可分为两类：一类是根据汉族民间茶俗改编的；另一类是根据少数民族的茶俗改编加工的，这一类茶艺因为少数民族的独特茶俗和服饰、音乐，具有很强的观赏性，很受观众欢迎。

第三节　茶艺要素

茶艺的分类多种多样，其表演形式千变万化，但综合分析起来，茶艺是由六个方面构成的，即选茶、择水、备器、环境、冲泡、品尝，简称茶艺六要素。

一、选茶

茶叶是茶艺的第一要素，只有在选择好茶叶之后才能决定用水、茶具，才能确定烹煮或冲泡方式，才谈得上品尝问题。

（1）选购原则。一般可依用途、季节、地区及民族习惯、冲泡方式进行选择。

（2）选购方法。在确定选购的茶类之后，就要注意茶叶的花色、等级和一些品质指标。一般来说，先从特色、加工等方面考虑，然后通过感官辨别对茶样进行判别。

二、择水

品茶所品的是茶叶的色、香、味、形，它们都是要通过水来体现的，因此水是品茶艺术中不可或缺的要素。明代张源在《茶录》中说："茶者水之神，水者茶之体。非真水莫显其神，非精茶曷窥其体。"许次纾在《茶疏》中也说："精茗蕴香，借水而发，无水不可与论茶也。"都说明水在品茗艺术中的重要地位。

陆羽在《茶经·五之煮》所说的："其水山水上，江水中，井水下。"陆羽也成为提出完整用水标准的第一人。自此之后，历代茶人对品茶所用之水都十分重视。

三、备器

备器就是准备好泡茶的器具。明代许次纾在《茶疏》中说："茶滋于水，水藉于器"，指出茶具在品茗艺术中的重要地位。有了好茶、好水，还要有好茶具，这不但是技术上的需要，还是艺术上的需要，因为在茶艺中，茶具本身也成为审美对象，人们在品茶时不但要求茶美、水美，还要求器也美。

从现代茶艺角度而言，茶具是为茶艺服务的。它首先要能满足冲泡品饮的功能要求，符合实用、便利的原则，在此基础上再讲究造型、色彩、纹饰方面的艺术性。因此茶具的选择，无论是质地还是颜色都要根据茶叶的特点和茶艺主题要求来进行，才能相得益彰。

四、环境

环境就是要求格调高雅。品茗需要在一定的场所进行。这场所可以大到山林野外，也可以小到陋屋斗室，甚至是小到一张茶桌或是一个茶盘。环境对人们品茗的心境有很大的影响，因而历代茶人对品茗环境都十分讲究。大体来说，品茗环境可分为野外、室内和人文三类。

五、冲泡

冲泡是品茗艺术的关键环节，一壶茶泡的好坏，全看冲泡技巧掌握如何。冲泡包括两部分：一是煮水，二是泡茶（在唐宋时期是煮茶和点茶）。在这方面，古人也积累了相当丰富的经验，只是随着时代的演进、饮茶方式的改变，其泡茶技巧自然也不相同。要掌握基本的冲泡要领，我们强调冲泡三要素，即水温、投茶量和浸泡时间。

六、品尝

品尝茶汤是品茗艺术的最后一个环节。茶汤冲泡的好坏固然重要，但是如果遇到不懂品茗艺术的饮者，好比一件艺术精品没有知音的观众，是非常遗憾的事情。正如明代屠隆在《考槃馀事》中所说："使佳茗而饮非其人，犹汲泉以灌蒿莱，罪莫大焉。有其人而未识其趣，一吸而尽，不暇辨味，俗莫大焉。"

喝茶是为了满足生理上的需求，重在提神、解渴、保健，没有什么特别的讲究。品茗的重心是为了追求精神上的满足，重在意境的追求和感受，将饮茶视为一种艺术欣赏活动。要细细品啜，徐徐体察，从茶汤美妙的色、香、味、形得到审美的愉悦，引发联想，抒发感情，使心灵得到慰藉、灵魂得到净化。

现代茶艺中的茶汤品尝，继承发扬自古以来形成的优良传统，其重点仍然是从色、香、味着手，即一观色、二闻香、三品味。

【本章小结】

本章共有三个方面的内容：茶艺的发展历史、茶艺的分类、茶艺六要素。其核心是讲与茶艺相关的知识。在掌握相关茶艺基本知识的基础上，重点学习茶艺六要素的协调统一，通过茶艺抒发情感，表达自己的内心思想。

【教学实践】

在具备条件的情况下，积极参加茶艺技能培训。

【复习思考题】

1.茶艺有哪些类别？在仿古、现实、宗教和民俗四类茶艺中你印象深刻的是哪一类？为什么？

2.茶艺六要素包括哪六个方面？谈谈自己在茶艺实践中的成功或不足。

3.学校举办元旦晚会节目预选，小李同学策划茶艺表演参加预选。请你对小李的茶艺表演提出可行性方案。

任务四　茶叶的选购和储存

【学习目标】

　　1.了解茶叶变质的主要因素。

　　2.学会正确储存茶叶的方法。

【学习重点】

　　1.茶叶的选购。

　　2.茶叶的储存方法。

【案例导入】

茶叶为什么变色了

　　王先生最近出差去杭州买回来一些明前的西湖龙井，为了便于观赏龙井茶叶独特的外形，特地买回一个晶莹剔透的玻璃茶罐储存茶叶，但是放置了一段时间后却发现茶叶的色泽不如原先绿了，甚至有的还变成了褐色。这让王先生很是纳闷。经过请教一些茶艺专家才明白，原来茶叶是不能放在透明的储存罐中的，更不能放在阳光直射的地方，否则会加快茶叶的氧化，导致茶叶色泽的褐变。

第一节　茶叶的选购

　　据《中国名茶志》的统计，目前我国各类名茶约有1000余种，如此众多的产品，在品质上有个性也有共性，选购时必须仔细区分。购买茶叶最好到信誉良好的茶叶专卖店购买，因为那里种类齐全、销量大、货品新鲜，还可以当场试饮后再购买。最重要的一点是相同价位的茶叶，要多喝几种做比较，才能选出自己喜爱的口味。如果到超级市场购买茶叶，就要选择信用较好厂商的产品，而且产品包装上要有详细的说明且标有制造日期、出产的公司、地址、电话等资料。

　　购买茶叶是要找到适合自己口味的茶，不一定是以价格的多少来评定它的好坏。因为茶叶是嗜好性的作物，找到适合个人口味的茶就是好茶。不过在选择茶叶的过程中需要注意以下几种因素。

一、品种

茶叶的品种并不是茶树树种所决定的，一种茶树采下来的叶子原则上可以制成各种茶叶，如乌龙茶树采下来的叶子可以做绿茶、包种茶、铁观音茶、红茶等。但是，什么茶树的叶子最适合做出什么茶叶有它的适制性，例如铁观音茶树采摘下来的叶子做成铁观音茶，就叫作"正丛铁观音"，这种茶叶在市场上价格就较高，其他茶树中采下来的叶子所做的"铁观音茶"，价钱就卖得低。因此，在选择茶叶时，就得先选择购买哪种茶叶，不需要考虑树种的问题，这是一种前提。

二、环境

环境是指茶叶的生长环境。不同环境生长的茶叶，其品质也不一样。一般来说，茶树是好酸性的植物，喜爱在年平均温度20℃左右的气温成长；茶树生长在终年有云雾缭绕、排水良好的地方，能够长出较好优质的茶叶；海拔高的山区比海拔较低的地区要好；其他诸如空气、雨水等较不受污染的地方也是茶树生长的好环境。

三、栽培

茶树的栽培除了要有好环境外，还要考虑茶园的管理以及栽培的技术、使用的肥料等因素的影响。一般来说，在施用有机肥料的茶树上采摘的茶叶较理想。

四、制作

制茶的技术直接影响茶叶的品质，因为茶叶是依制作方法的不同而区别种类，它的滋味、香气随之而有所区别。缺乏经验及技术不佳的茶师所制作出来的茶叶价钱往往较便宜，选择制茶师是很重要的。

五、采摘时间

一般茶一年可采4~6次，每年的3~11月是采收的季节。一年四季皆产茶，一般说来，以春茶的香气最佳，价格也最贵；冬茶的滋味好，价格其次；秋茶香气、滋味其次，价格低；夏茶较差，但高级乌龙茶则必须在夏季采摘制作。不同季节茶叶价格都不同，一般茶区其他季节茶叶的价格只有春茶的1/4。不同的茶叶常因个人嗜好的不同而价格不同。

六、采摘环境

以目前的茶园环境来说，采茶分人工采摘和机械采摘两种。人工采摘量比机械采摘量少，成本却高，价格也较昂贵，人工采茶较有选择性，叶片较完整；机械采摘的茶叶成本较低，但是茶叶无选择性，茶梗、老叶嫩叶混合在一起。因此，由于采摘方式不同，成本也不同。

七、卖茶人与买茶人

出售茶叶要讲究信誉，做到童叟无欺；买茶人自己须具有茶叶的专业知识。根据自己的专业知识选购到信誉良好的茶行。了解清楚买哪一类品种、哪一个季节、哪一个茶区、人工或机械采摘的茶叶，这样才会买到合适的茶叶。

八、不同季节所产茶的品质水平差别很大

春茶是一年中首批采摘的茶叶，茶树经过漫长冬季的休憩，茶树体内积累养分较多，因此春茶芽叶肥壮，生长旺盛。

以绿茶为例，用这种鲜叶制成干茶后，一般身骨重实，条索紧结，色泽嫩绿，茸毛较多，香气较好，滋味浓醇。随着气温升高，芽叶的持嫩性下降，茶多酚等化学成分增加。因此，夏茶一般条索疏松，叶片轻飘宽大，色泽乌黑灰暗淡，滋味苦涩，香气较低而粗。秋茶期间，随着气温下降，雨水减少，鲜叶含水量较低，叶张轻薄瘦小；成茶色泽黄绿，滋味亦较苦涩，汤色青绿，叶片大小不一，对夹叶多，叶底夹有铜绿色茶叶，叶缘锯齿明显。

红茶的情况有所不同。春茶期间温度较低，红茶发酵困难，茶的汤色不够红艳，夏茶期间温度较高，有利于茶多酚的合成，一般夏季红茶汤色泽红艳，超过春茶，但香气和滋味不及春茶。

乌龙茶的春、夏、秋茶各有不同特点。春茶色泽青褐油润，滋润醇厚；夏季色泽深褐，香味一般；秋茶因天气冷凉、阳光充足，花香突出（又称秋香），但茶味较苦涩。

综合以上情况，除红茶外，一般都以春茶品质最优，秋茶次之，夏茶品质相对较差。

九、陈茶与新茶品质各异

刚制好的新鲜茶叶，无论是红茶或绿茶，都具有新鲜油润的色泽和浓郁高长的新茶香；但随着时间的推移，储存一段时间以后，随着茶叶中茶多酚类以及维生素 C 的不断氧化，绿茶的外表色泽，会渐渐变成枯黄，汤色变褐，滋味迟钝，失去茶叶的正常风味。茶叶中的氨基酸是茶叶呈味物质的重要成分，决定了茶汤的鲜爽度。随着茶叶储存时间的延长（在一定温度和湿度的条件下），渐渐氧化和降解，失去鲜茶原有的鲜爽度。茶叶中的叶绿素性质极不稳定，在光热作用下易分解而使茶叶褐变。因此，一般陈茶色泽深暗，没有光泽，香气低平，茶味淡，有时甚至出现陈味。在选购时需要特别留意辨别。

十、茶叶质量安全存在差异

为了加强食品生产的质量安全，国家质检总局于 2004 年 12 月颁布了国质检〔557〕号文件，规定糖果、茶叶等 13 类食品实施食品质量安全市场准入制度。凡在中国境内从事以销售为目的的食品（含茶叶）生产加工经营活动的企业，均必须取得 QS（质量安全）认证。取得认证的产品可以加贴食品质量安全标志，允许进入市场；未加贴质量安全标志的不得出厂和销售。这是我国现行法律法规对茶叶等食品的最低要求。

事实上，目前市场上流通的茶叶，质量安全是有差别的，这主要根源于生产过程中对环境控制的不同。一般无公害茶叶在生产过程中，允许施用少量化肥和高效低毒低残留的化学农药。按照无公害标准要求生产并通过认证的茶叶，在产品包装上加贴无公害标志。

有机茶是一种完全没有污染的茶叶，在生产过程中严禁施用任何化肥和化学农药和添加剂，只准应用有机肥料、植物性农药和生物农药。凡按有机茶标准生产并经认证的产品，在产品包装上加贴有机产品标志。目前国内有机茶认证单位有南京国家环保局有机产品认证中心、中国农科院茶叶研究所杭州中农质量认证中心。

绿色食品茶在质量安全方面是介于无公害茶和有机茶两者之间的一种茶叶。绿色食品分为 A 级和 AA 级 2 个级别。绿色食品 A 级的要求基本与无公害茶相近，生产过程中允许少量施用化肥和高效低度低残留的农药。绿色食品 AA 级的要求已接近有机茶，生产过程中不允许施用化肥和化学农药及添加剂。通过绿色食品认证的茶叶，可以在包装上加贴统一的绿色食品标志。

第二节　茶叶的储存

对于一个喜爱饮茶的人来说，不可不知道茶叶的储存方法。因为品质很好的茶叶，如不善加以储存，就会很快变质，颜色发暗了，香气散失，味道不良，甚至发霉而不能饮用。

为防止茶叶吸收潮气和异味，减少光线和温度的影响，避免挤压破碎，压坏茶叶美观的外形，就必须了解影响茶叶变质的原因并且采取妥善的储存方法。

一、影响茶叶品质的因素

茶叶品质的劣变的主因在于受潮与感染异味，成品茶的吸湿性很强，很容易吸收空气中的水分。根据试验，将相当干燥的茶叶放置于室内，经过一天，茶叶的含水量可达 7% 左右；放置五六天后，则上升到 15% 以上。在阴雨的天气里，放置一小时，含水量就增加 1%。在气温较高、适合微生物活动的季节里，茶叶含水量超过 10% 时，茶叶就会发霉而失去饮用价值。

（一）温度

氧化、聚合等化学反应与温度的高低成正比。温度越高，反应的速度越快，茶叶陈化的速度也就越快。实验结果表明，温度每升高 10℃，茶叶色泽褐变的速度就加快 3~5 倍。如果将茶叶存放在 0℃ 以下的地方，就可以较好地抑制茶叶的陈化和品质的损失。

（二）水分

水分是茶叶陈化过程中许多化学反应的必需条件。当茶叶中的水分在 3% 左右时，茶叶的成分与水分子呈单层分子关系，可以较有效地延缓脂质的氧化变质；而茶叶中的水分含量超过 6% 时，陈化的速度就会急剧加快。因此，要防止茶叶水分含量偏高，既要注意购入的茶叶水分不能超标，又要注意储存环境的空气湿度不可过高，通常保持茶叶水分含量在 5% 以内。

（三）氧气

氧气能与茶叶中的很多化学成分相结合而使茶叶氧化变质。茶叶中的多酚类化合物、儿茶素、维生素 C、茶黄素、茶红素等的氧化均与氧气有关。这些氧化作用会产生陈味物质，严重破坏茶叶的品质。所以茶叶最好能与氧气隔绝开来，可使用真空抽气或充氮包装储存。

（四）光线

光线对茶叶品质也有影响，光线照射可以加快各种化学反应，对茶叶的储存产生极为不利的影响。特别是绿茶放置于强光下太久，很容易破坏叶绿素，使得茶叶颜色枯黄发暗，品质变坏。光能促进植物色素或脂质的氧化，紫外线的照射会使茶叶中的一些营养成分发生光化反应，故茶叶应该避光储存。

二、茶叶的储存方法

明代王象晋在《群芳谱》中，将茶的保鲜和储存归纳成三句话："喜温燥而恶冷湿，喜清凉而恶蒸郁，宜清独而忌香臭。"唐代韩琬的《御史台记》写道："贮于陶器，以防暑湿。"宋代赵希鹄在《调燮类编》中谈道："藏茶之法，十斤一瓶，每年烧稻草灰入大桶，茶瓶坐桶中，以灰四面填桶瓶上，覆灰筑实。每用，拨灰开瓶，取茶些少，仍覆上灰，再无蒸灰。"明代许次纾在《茶疏》中也有述及："收藏宜用磁瓮，大容一二十斤，四周厚箬，中则贮茶，须极燥极新，专供此事，久乃愈佳，不必岁易。"说明我国古代对茶叶的储存就十分讲究。

（一）普通密封保鲜法

也称为家庭保鲜，将买回的茶叶立即分成若干小包，装进事先准备好的茶叶罐或筒里，最好一次装满盖上盖子，在不用时不要打开，用完将盖子盖严。有条件可在器皿筒

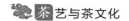

内适当放些用布袋装好的生石灰，以起到吸潮和保鲜的作用。

（二）真空抽气充氮法

将备好的铝箔与塑料做成的包装袋，采取一次性封闭真空抽气充氮包装储存，也可适当加入些保鲜剂。但一经启封后，最好在短时间内用完，否则开封保鲜解除后，时间久了同样会陈化变质。在常温下储存一年以上，仍可保持茶叶原来的色、香、味；在低温下储存，效果更好。

（三）冷藏保鲜法

用冰箱或冰柜冷藏茶叶，可以收到令人满意的效果。但要注意防止冰箱中的鱼腥味污染茶叶，另外茶叶必须是干燥的。温度保持在 −4℃～−2℃不变，必须经过抽真空保鲜处理，否则，茶叶与空气相接触且外界冷热相遇，水分和氧气会形成水汽珠而凝结在茶叶上，加速茶叶变质。

📖 **知识小链接**

茶叶受潮后有哪些处理办法呢？盛夏多雨，茶叶如保管不善，吸水受潮，轻者失香，重者霉变。此时，如将受潮茶叶放在阳光下暴晒，阳光中的紫外线会破坏茶叶中的各种成分，影响茶叶的外形和色、香、味。正确的方法是，将受潮的茶叶放在干净的铁锅或烘箱中用微火低温烘烤，边烤边翻动茶叶，直至茶叶干燥发出香味，就可以"妙手回春"了。

三、储存茶叶的注意事项

绿茶在储存中的含水量不能超过 5%，红茶不能超过 7%，如在储存前茶叶的含水量超过这个标准，就要先炒干或烘干，然后再储存。而炒茶、烘茶的工具要十分洁净，不能有一点油垢或异味：并且要用文火慢烘，要十分注意防止茶叶焦煳和破碎，以防止柴炭的烟味或其他异味污染茶叶。

与绝大多数茶叶的储存追求保鲜、以防止茶叶氧化不同，普洱茶储存同时也是生茶自然发酵、熟茶自然陈化的过程。因此，保持储存环境的通风透光、防止污染是普洱茶保存中的特殊要求。

就一般家庭来说，最好将普洱茶存放在通风避光的环境中，保持空气清新和对流，这有利于茶叶与空气中的氧气结合，发生非酶促自动氧化而加速陈化，防止霉变。

防止污染是保证普洱茶品质的重要条件。存放普洱茶的环境一定不能有任何污染。所以，家庭储存普洱茶应严格防止油烟、化妆品、药物、卫生球、香料物（如空气清新剂、灭蚊片）等常见气味的污染。有条件的家庭最好能有专门的储藏室。一般情况下，可选择宜兴紫砂茶缸或云南建水紫陶茶缸存放，存放时注意分开生茶和熟茶。单个饼茶（或茶砖、金瓜、沱茶）建议品饮前一次解散装入醒茶罐，既有利于醒茶，又方便取用。

【传说典故】

《红楼梦》中有这样一段：贾母带刘姥姥参观大观园，到了妙玉居住的栊翠庵。贾母让妙玉把她的好茶拿出来吃，妙玉忙烹了茶亲自捧给贾母。贾母道："我不吃六安茶。"妙玉笑说："知道，这是老君眉。"贾母接了，又问是什么水。妙玉笑回："是旧年蠲的雨水。"贾母便吃了半盏，便笑着递给刘姥姥说："你尝尝这个茶。"刘姥姥便一口吃尽，笑道："好是好，就是淡些，再熬浓些更好了。"贾母众人都笑起来。

为什么众人都笑，因为大家都和妙玉一样懂得淡茶养生的道理。刘姥姥只知品尝茶味，却忽略了饮茶养生的个中规矩。茶可以养生保健，但应建立在喝淡茶的基础上，如果经常喝很浓的茶，就起不到好的效果。所以我们平常饮茶，还是要以淡茶为主。清茶一杯，才能细品养生的滋味。

【本章小结】

通过本章的学习，使学习者了解影响茶叶变质的主要因素，学会正确储存茶叶的方法，寻找更好的储存技巧。

【复习思考题】

1. 茶叶选择过程中应注意哪几方面的内容？
2. 陈茶与新茶品质差异表现在哪些方面？
3. 影响茶叶品质的因素有哪些？
4. 有效储存茶叶的方法有哪些？

任务五 茶与健康

【学习目标】

1. 了解茶的主要成分。
2. 了解茶的保健功效。
3. 了解茶饮的食疗功效及制作。

【学习重点】

1. 茶叶中的主要成分及其作用。
2. 茶叶保健功效的原理及运用。
3. 学习如何科学饮茶。

【案例导入】

茶叶中的维生素

鲜茶叶中的维生素 A 的含量很高，可与菠菜相比；维生素 K 的含量可与鱼肉相比；维生素 C 的含量可与柠檬相比；茶叶中还含有丰富的维生素 B_1、B_2、B_5、B_{11} 和维生素 E；烟酸（维生素 B_5）的含量是 B 族维生素中含量最高的，约占 B 族维生素中含量的一半，它可以预防癞皮病等皮肤病；茶叶中维生素 B_1 含量比蔬菜高。维生素 B_1 能维持神经、心脏和消化系统的正常功能。每 100 克干茶约含 10~20 毫克维生素 B_2（核黄素），每天饮用 5 杯茶即可满足人体每天需要量的 5%~7%，它可以增进皮肤的弹性和维持视网膜的正常功能。叶酸（维生素 B_{11}）含量很高，约为茶叶干重的 0.5~0.7ppm，每天饮用 5 杯茶即可满足人体需要量的 6%~13%，它参与人体核苷酸生物合成和脂肪代谢功能。茶叶中维生素 C 含量很高，高级绿茶中维生素 C 的含量可高达 0.5%，维生素 C 能防治坏血病，增加机体的抵抗力，促进创口愈合。维生素 E 是一种抗氧化剂，可以阻止人体中脂质的过氧化过程，因此具有抗衰老的效应。每克成茶约含 300~500 毫克维生素 K，因此每天饮用 5 杯茶即可满足人体的需要。维生素 K 可促进肝脏合成凝血素。

第一节　茶叶主要保健成分

茶叶含有 500 多种成分，其中已证明具有医疗保健价值的物质主要有十多种（类）。将性质相近的成分归并后，可分为以下 7 类：茶多酚、氨基酸和蛋白质、茶多糖、生物碱、茶色素、维生素和矿物质、茶皂素。

一、茶多酚

茶多酚是茶树中存在的酚类物质及其衍生物的总称，其中以 6 种儿茶素及其氧化产物最为重要。这些多酚类物质不仅是表现茶叶感官品质的主要成分，也是主要的茶叶药效成分之一。

茶多酚是茶鲜叶中含量最高的可溶性成分。茶树鲜叶一般含有干重 15% 以上的茶多酚，甚至可高达 40%。大量的生物化学和药理学研究已揭示了茶多酚物质的抗氧化及清除氧化自由基、杀菌抗病毒、保护及修复 DNA（抗肿瘤作用）、增强免疫功能和生理调节功能（降血脂、降血糖等）、抗辐射损伤等作用。

基于上述种种生理活性，在临床上茶多酚已直接或辅助用于心脑血管疾病、肿瘤、糖尿病、脂肪肝、肾病综合征、龋齿等的预防和治疗。此外，茶多酚在日化等领域也具有广阔的应用前景。

二、氨基酸和蛋白质

茶叶中已发现有 26 种氨基酸，其中 6 种为非蛋白质组成的游离氨基酸。茶叶中氨基酸总量一般占茶叶干重的 1%~4%。氨基酸是茶叶中最多的游离氨基酸，其含量占游离氨基酸总量的 50% 左右，是茶叶的特征性氨基酸。它具有促进大脑功能、防癌抗癌、降压安神、增强人体免疫机能、延缓衰老等功效。茶叶中另一重要游离氨基酸是 γ - 氨基丁酸，它具有显著的降血压效果，还有改善脑机能、增强记忆力、改善视觉、降低胆固醇、调节激素分泌等功效。谷氨酸、精氨酸能降低血氨，治疗肝昏迷；蛋氨酸能调节脂肪代谢，参与机体内物质的甲基运转过程，防止动物实验性肝坏死；胱氨酸有促进毛发生长与防止衰老的功效；半胱氨酸能抗辐射性损伤，参与机体的氧化还原过程，调节脂肪代谢，防止动物实验性肝坏死；苏氨酸、组氨酸、精氨酸既对促进身体及智力发育具有一定作用，又可增加人体对钙、铁的吸收，从而预防老年性骨质疏松。

从营养的角度看，茶叶中的蛋白质和氨基酸都是很好的营养成分，是人体获取营养的补充途径。然而，由于蛋白质大多以水不溶状态存在，通过饮茶只能利用其中很少一部分的蛋白质营养。但是氨基酸营养的摄取比例则要高得多。近年来的研究显示，茶叶中还存在一些可溶性蛋白成分，它们除了具有营养功效外，对人体保健也有一定的作用。

三、茶多糖

茶叶中含有的茶多糖物质的化学成分比较复杂，它实际上是一类组成复杂且变化较大的混合物。由于分离纯化技术的限制，早期的研究所制备的茶多糖仅含有较多的脂类成分，因此那时称这类提取物为茶叶脂多糖。后来进一步的研究证明，茶多糖是一种酸性糖蛋白，并结合有大量的矿物质元素；蛋白质部分主要由约20种常见氨基酸组成，糖的部分主要由4~7种单糖所组成，矿物质元素主要含钙、镁、铁、锰等极少量的微量元素，如稀土元素等。由此可知，茶多糖的正确名称应是茶叶多糖复合物。一般老茶叶中的茶多糖含量较高。

茶多糖的药理功能可以概括如下：降血糖、降血脂、防辐射、抗凝血及血栓、增强机体免疫功能、抗氧化、抗动脉粥样硬化、降血压和保护心血管等。茶多糖经过其他元素的修饰后所获得的茶多糖复合物，其功效有可能得到加强或产生新的功能。现正在研究的茶多糖复合物有：茶多糖稀土复合物、茶多糖钙复合物等。茶多糖的药理功效已越来越引起人们的重视，其医学开发正在进行中。

四、生物碱

茶叶中的生物碱主要包括咖啡碱（咖啡因）、可可碱和茶碱，其中咖啡碱占大部分。3种生物碱都属于甲基嘌呤类化合物，是一类重要的生理活性物质。它们是茶叶的特征性化学物质之一，其药理作用相似。

茶叶咖啡碱含量为鲜叶干重的2%~4%，它对茶汤滋味的形成有重要作用。它与茶红素、茶黄素可形成乳浊现象，通常称为"冷后浑"。由于同时存在多酚类等物质，茶叶中的咖啡碱与合成咖啡碱有很大区别。合成咖啡碱对人体有积累毒性，而茶叶中的咖啡碱不会在人体内积累，7天左右可完全排出体外。目前的研究结果得出，咖啡碱具有抗癌效果。此外，茶叶中的咖啡碱还具有兴奋大脑中枢神经、强心、利尿等多种药理功效。饮茶的许多功效如消除疲劳、提高工作效率、抵抗酒精和尼古丁等毒害、减轻支气管和胆管痉挛、调节体温、兴奋呼吸中枢等，都与茶叶中的咖啡碱有关。

当然，咖啡碱也存在负面效应，主要表现在晚上饮茶可能影响睡眠，对神经衰弱者及心动过速者等有不利影响。为了避免这些不利因素，同时满足特殊人群的饮茶需求，目前已有脱咖啡因茶生产。

五、茶色素

茶色素是一个通俗的名称，其概念范畴并不明确。实际使用中一般是指叶绿素、β-胡萝卜素、茶黄素、茶红素等。已经证明茶色素中的许多成分对人体健康极为有利，是茶叶保健功能的主要功效成分之一。

（一）叶绿素

叶绿素是茶叶脂溶性色素的主要组成部分，可分为叶绿素 a 和叶绿素 b，其含量占茶叶干重的 0.6% 左右。叶绿素由甲醇、叶绿醇和卟啉环结合而成。叶绿素因其分子中的共轭双链闭合系统（卟啉结构）而呈现绿色。茶叶叶绿素含量与茶叶品质有一定的联系，在茶叶加工过程中叶绿素逐步遭到破坏，绿茶中一般保留较多的叶绿素。作为天然的生物资源，茶叶叶绿素是一种优异的食用色素，它还具有抗菌、消炎、除臭等多方面保健功效。

（二）β - 胡萝卜素

茶叶中 β - 胡萝卜素的含量也较丰富，其含量一般在 100~ 200 微克 / 克。β - 胡萝卜素的生理功效首先表现在它具有维生素 A 的作用，1 个 β - 胡萝卜素分子在体内酶的作用下可转化为 2 个分子的维生素 A。它具有抗氧化作用，能清除体内的自由基、提高人体免疫力。

（三）茶黄素、茶红素

茶叶中的茶黄素和茶红素是由茶多酚及其衍生物氧化缩合而成的产物，它们是红茶的主要品质成分和显色成分，也是茶叶的主要生理活性物质之一。由于它们是由儿茶素氧化而来的，故其含量在红茶中最高，一般为 1% 左右；乌龙茶、黄茶中也存在少量茶黄素和茶红素。研究表明，茶黄素不仅是一种有效的自由基清除剂和抗氧化剂，而且具有抗癌、抗突变、抑菌抗病毒以及改善心脑血管疾病和糖尿病等多种生理功能。

六、维生素和矿物质

（一）维生素

维生素是维持人体新陈代谢及健康的必需营养成分。茶叶中含有多种维生素，如维生素 A、维生素 D、维生素 C、维生素 B_1、维生素 B_2、维生素 E 和肌醇等，其中以维生素 C 和 B 族维生素的含量最高。在不同茶类间，绿茶的维生素含量显著高于红茶。高级绿茶中维生素 C 的含量可高达 0.5%。研究证明，维生素 C 有很强的还原性，在体内具有抗细胞氧化等功能。茶叶中的维生素 C 还能与茶多酚产生协同效应，提高两者的功效。在正常饮食情况下，每天饮高档绿茶 3~4 杯便可基本上满足人体对维生素 C 的需求。

茶叶中的 B 族维生素含量也很丰富，达茶叶干重的 100~ 150 毫克 / 千克，其中维生素 B_5 的含量约占 B 族维生素的一半。它们的药理功能主要表现在对癞皮病、消化系统疾病、眼病等具有显著的疗效。茶叶中的脂溶性维生素，如维生素 A、维生素 E、维生素 K 等，尽管含量也较高，但因茶叶饮用一般以水冲泡或水提取方法为主，而这些脂溶性维生素在水中的溶解度很小，所以饮茶时对它们的利用率并不高。茶叶中的维生素 A 原（类胡萝卜素）含量比胡萝卜还高，它能维持人体正常发育，维持上皮细胞正常机能，防止角化，并参与视网膜内视紫质的合成。如何提高对这些脂溶性维生素的利

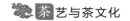

用，是一个有待深入研究的问题。

（二）矿物质

茶叶中矿物质元素的含量相当丰富，其中以磷与钾含量最高；就保健功效而言，氟和硒最为重要。

茶叶中氟的含量是所有植物体中最高的。氟对预防龋齿和防治老年骨质疏松有明显效果，但大量饮用粗老茶有可能导致氟元素摄入过度，从而引起氟中毒症状，如氟斑牙、氟骨症等。这一问题主要发生在砖茶消费区。所以在合理利用茶叶中氟的保健功能的同时，也要预防氟摄入过量。

硒是人体谷胱甘肽过氧化物酶的必需组成，能刺激免疫蛋白及抗体的产生，增强人体抗病力；能有效防治克山病，并对治疗冠心病、抑制癌细胞的发生和发展等有显著效果。

七、茶皂素

茶皂素属于五环三萜类化合物的衍生物，是一类由配基皂甙元、糖体和有机酸组成的结构复杂的混合物。茶树的种子、叶、根、茎中都有分布，其中以茶根中含量最高，用于饮用的茶叶中茶皂素含量很少。

茶皂素除其最主要的表面活性外，它还具有溶血作用、降胆固醇作用、抗菌作用、镇静活性（抑制中枢神经、镇咳、镇痛）等。此外，据有关报道，茶皂素还具有抗癌活性及降血压功能。

对于茶皂素的医学保健功能，目前尚未见有系统的开发，但从其基础性研究所得到的生理活性看，对茶叶的医疗保健功能是有贡献的，特别是在利用粗老茶或茶根治病等方面。

第二节　茶叶的保健功效

长久以来茶叶之所以受到人们的喜爱，除了因为它是受人们欢迎的一种有益饮料之外，还因为它对人体能起到一定的保健和治疗作用。人们将茶称为"万病之药"，并不是说它能治愈每一种疾病，而是从传统中医学的角度去归纳和总结茶的医疗保健功效。经常饮茶可以使人元气旺盛、精力充沛、心情舒畅，这样自然百病难侵，有病自然容易恢复。通过品茶，人们的精神得以放松，心境平静豁达，心情舒畅愉悦，所以自然可以长寿。

一、茶与养生保健

（一）补充多种营养元素

茶叶内富含的500多种化合物大部分被称为营养成分，是人体所必需的成分，如蛋白质、维生素类、氨基酸、类脂类、糖类及矿物质元素等，它们对人体有较高的营养价值。还有一部分化合物被称为有药用价值的成分，对人体有保健和药效作用，如茶多酚、咖啡因、脂多糖等。

（1）饮茶可以补充人体需要的多种维生素。茶叶中含有丰富的维生素类，但茶叶中的维生素因为茶叶的生产工艺不同而有较大差别。一般来说，绿茶因为不经过发酵，所以各种维生素的含量均高于其他茶类。

（2）饮茶可以补充人体需要的蛋白质和氨基酸。大量资料表明，茶叶中能通过饮茶被直接吸收利用的水溶性蛋白质含量为2%左右，大部分蛋白质为不溶水性物质，存在于茶渣内。茶叶中的氨基酸种类多达20余种，其中茶氨酸的含量最高，占氨基酸总量的50%以上。众所周知，氨基酸是人体必需的营养成分。有的氨基酸和人体健康有密切关系，如谷氨酸能降低血氨、治疗肝昏迷；蛋氨酸能调整脂肪代谢；茶氨酸能够调节脑内神经传导物质的变化，有利于人体的生长发育，提高学习能力，保护神经细胞，调节脂肪代谢等。

（3）饮茶可以补充人体需要的矿物质元素。茶叶中含有多种矿物质元素，如磷、钾、钙、镁、锰、铝、硫等。这些矿物质元素中的大多数对人体健康是有益的，茶叶中的氟含量很高，平均为100~200ppm，远高于其他植物，氟对预防龋齿和防治老年骨质疏松有明显效果。局部地区茶叶中的硒含量很高，如我国湖北恩施地区的茶叶中硒含量最高可达3.8ppm。硒具有抗癌功效，它的缺乏会引起某些地方病，如克山病的发生。

（二）饮茶可以强身健体

（1）喝茶可以护心。研究结果表明，每天至少喝一杯茶可使心脏病发作的危险率降低44%。喝茶之所以具有如此有效的作用，主要是由于茶叶中含有大量类黄酮和维生素等可使血细胞不易凝结成块的天然物质。类黄酮还是最有效的抗氧化剂之一，能够有效提高体内含氧量。

📖 知识小链接

类黄酮不仅存在于茶叶中，还存在于蔬菜和水果中，它对心脏保健的益处与红葡萄酒可以相提并论。哈佛大学研究心脏病的专家在一次会议上介绍了他的研究结果。这项研究包括常见的红茶，以及与红茶进行对比的绿茶或草药茶。研究人员提出，红茶中的类黄酮含量比绿茶多，而草药茶中没有发现含有任何类黄酮。国外另有专家说，在茶中加牛奶、糖或柠檬不会减弱类黄酮的作用。而且，无论是喝热茶或凉茶，还是用散装茶叶、袋茶或是制成颗粒状晶体的茶，都对类黄酮的含量没有影响。我国有专家分析说，茶叶里主要含有茶碱、咖啡因、茶素鞣质、叶绿素和多种维生素。咖啡因和茶碱都有强心、利尿作用。有一些冠心病人伴有窦房结功能不全，出现持久的窦性心动过缓，或者伴有房室传导阻滞时，每分钟的心率在60次以下，喝浓茶可以增快心率，配合药物治疗颇有好处。茶碱的利尿作用对心脏功能不好的病人也是有益的。通过利尿排出一些水分和盐，可以减轻心脏负担。茶叶能降低胆固醇，这对有高血脂的人是有利的。茶叶里的某些物质能保护毛细血管的弹性，有助于防止血管硬化。但是，专家提醒，心脏病人饮茶宜淡不宜浓，睡前不宜饮茶。

（2）喝茶可降低胆固醇。医学研究资料证实，胆固醇过多的人，若服用适量的维生素C可降低血液中的胆固醇、中性脂肪，对维持身体健康与器官功能的正常，具有良好的效果。此外，维生素C还可预防老化。

茶叶中含有丰富的维生素C，因此，饭前、饭后及平常的休息时间若能适度喝茶，则可抑制胆固醇的吸收。目前最受欢迎的乌龙茶，根据研究分析，具有分解脂肪、燃烧脂肪、利尿的作用，能将沉淀在血管中的胆固醇排出体外。

（3）饮茶可增强免疫力。人体的免疫功能抵抗外来微生物的侵袭，保持人体的健康。人体免疫防御系统是通过免疫球蛋白体的形成，识别入侵的病原，再由白细胞和淋巴细胞产生抗体和巨噬细胞消灭病原。经常喝茶能够提高人体中白细胞和淋巴细胞的数量和活力，能够促进脾脏细胞中的白细胞间介素的形成，提高人体的免疫力。

（4）喝茶能防慢性胃炎。幽门螺杆菌（Hp）感染已成为全球关注的公共卫生问题。由杭州市卫生监督所承担、浙江大学医学院附属第一医院协作完成的"胃病患者幽门螺杆菌感染危险因素的研究"提出，多吃豆类食物，多饮茶，少吃辛辣食物，可免遭Hp的感染。幽门螺杆菌是世界上感染率最高的细菌之一，是慢性活动性胃炎的直接病因。

（5）解毒醒酒、补充营养。茶的解毒作用是多方面的，对于细菌性中毒，茶叶中的茶多酚等物质可与细菌结合，使细菌的蛋白质凝固变性，以此杀菌解毒；对于金属中毒，茶叶可使这些重金属沉淀并加速排出体外。茶的醒酒作用主要是由于人在饮酒后主要靠肝脏将酒精分解成水和二氧化碳，而这个过程需要维生素C作为催化剂，饮茶一方面可以补充维生素C，另一方面咖啡因有利尿的功能，可以促使人体通过尿液将酒精排出体外。

（6）喝茶可保肝明目、减肥健美。茶的保肝作用主要是茶中的儿茶素可防止血液中胆固醇在肝脏部位的沉积。而且实验证明，儿茶素对病毒性肝炎和酒精中毒引起的慢性肝炎有明显疗效。茶的明目作用主要是因为茶叶中含有维生素C和胡萝卜素，胡萝卜素被人体吸收可转化为维生素A，维生素A可与赖氨酸作用形成视黄醛，增强视网膜的变色能力。

（7）喝茶可抗氧化、抗衰老。人类衰老的主要原因是人体内产生过量的"自由基"。自由基是人体在呼吸代谢过程中产生的一种化学性质非常活跃的物质，它在人体内使不饱和脂肪酸氧化并产生丙二醛类化合物，丙二醛类可聚合成脂褐素，这种脂褐素在人的手和脸上沉积，就形成所谓的"老年斑"，在内脏和细胞表面沉积就会加速脏器衰老。茶叶之所以具有抗衰老的作用，一是由于茶多酚能有效阻断人体内自由基活性作用；二是由于儿茶素具有抗氧化作用，也有助于抗衰老。

（8）喝茶可防治糖尿病。糖尿病是以高血糖为特征的代谢内分泌疾病，由于胰岛素不足和积压糖过多引起糖、脂肪和蛋白质等代谢紊乱。临床实验证明，茶叶（特别是绿茶）有明显的降血糖作用，这是因为茶叶中含有复合多糖（包括葡萄糖、阿拉伯糖和核糖三种）、儿茶素类化合物和二苯胺等多种降低血糖成分。

📖 **知识小链接**

茶叶中的维生素 B_1、维生素 C 具有促进体内糖分代谢的作用。为此，先天性糖尿病患者可以采用常饮绿茶作为辅助疗法之一，而正常人常饮绿茶则可以预防糖尿病的发生。中国传统医学中有以茶为主要方剂用以降低血糖的治疗方法。

日本学者经临床观察证实，淡茶和酽茶能治疗轻、中度糖尿病，使病人尿糖明显减少以至完全消失，对重度患者可使其尿糖降低，各种主要症状明显减轻。与注射胰岛素相比，用淡茶和酽茶治疗糖尿病，有简单易行、费用低廉等优点。茶叶中含有的多酚类物质和维生素 C，能保持微血管的正常坚韧性、通透性，可使微血管脆弱的糖尿病人，经饮茶恢复原有的功能，对治疗糖尿病有利。更重要的是，茶中含有预防糖代谢障碍的成分，如水杨酸甲酯、维生素 B_2 等物质。

二、茶在生活中的妙用

（一）喝茶可以提神醒脑、促进消化

茶中含有咖啡因，可以提神醒脑，茶叶含有多种天然抗氧化物，对身体健康有利。茶叶中的咖啡因含量为 2%~5%，它的主要功能是兴奋神经中枢，消除疲劳，有较强的强心作用；能增强肾脏的血流量，提高肾血小球过滤率，有利尿功能；对平滑肌有弛缓作用，能消除支气管和胆管的痉挛。此外，咖啡因还有帮助消化、解毒和消除人体内有害物质的作用等。值得说明的是，茶叶中的咖啡因不但能提高人体大脑的思维活动能力、消除睡意、清醒头脑、提高工作效率，而且这种兴奋作用不像酒精、烟、吗啡之类对人体产生毒害作用。

（二）喝茶可防辐射、抗癌变

根据"第二次世界大战"以后的调查，在日本广岛原子弹爆炸中，凡有长期饮茶习惯的人，受到的放射性伤害都较轻，存活率较高。茶叶具有防辐射的作用，其中主要起作用的是茶叶中的多酚类物质。

整天坐在计算机前的计算机一族们，如果想减轻辐射的侵害，保护好眼睛，那么可以坚持每天喝上 4 杯茶，喝茶时间可参考表 5-1。

表 5-1　时间与茶叶的选择对照

喝茶时间	茶类品种	保健功效
上午	绿茶	清除体内的自由基，缓解压力，振奋精神
下午	菊花茶	明目清肝（可加入枸杞冲泡）
疲劳时	枸杞茶	补肝、益肾、明目，对眼睛涩、疲劳效果较好
晚上	决明子茶	晚餐后使用，有清热、明目、补脑髓、镇肝气、益筋骨、治便秘等作用

（三）喝茶可减轻吸烟危害

喝茶能够降低吸烟诱发癌症的概率。茶叶中的茶多酚能抑制自由基的释放，控制由于吸烟可能造成的癌细胞增殖。

（四）残茶的妙用

在日常生活中，经常有泡饮过的茶叶或因为种种原因不能再饮用的茶叶，倒掉非常可惜。其实残茶有很高的再利用价值。

（1）湿茶叶可以去掉容器里的腥味和葱味。做完鱼或海鲜后，锅上或烤箱内会残留腥味。这时，可以趁铁锅或烤箱还热的时候，在上面放一撮茶叶，待其冒烟后，茶的香味便能去除腥味。之后再用水清洗干净，便不会留任何异味。

（2）将残茶叶晒干，铺撒在潮湿处，能够去潮。因为茶叶具有很强的吸附作用。

（3）残茶叶晒干后，还可以装入枕套充当枕芯，枕之非常柔软，又可以去头火，对高血压患者、失眠者有辅疗作用。但是这种茶叶很容易受潮，需要经常晾晒。

（4）把茶叶撒在地毯上，再用扫帚扫去，茶叶能带走部分尘土。茶叶的吸附作用不但可以吸收水分，还可以吸附灰尘。

（5）将残茶叶浸入水中数天后，浇在植物根部，可以促进植物生长。但是最好不要把茶叶倒在花盆里，因为不便打扫，会腐烂，有异味、生虫。

（6）把茶叶晒干，放在厕所或沟渠里燃熏，可消除恶臭，具有驱除蚊蝇的功能。

（7）干残茶渣做鞋垫，可清除湿汗臭味，从而减少一些人脚臭的烦恼。

（8）饭后用喝剩的茶水反复漱口，可漱出有害微生物，能消除牙垢，增强口唇轮匝肌和口腔黏膜的生理功能以及牙齿的抗酸防腐能力。

（9）用残茶擦洗镜子、玻璃、门窗、家具、胶质板以及皮鞋上的泥污，去污效果较好。

（10）用茶叶水洗头，久之，能使头发乌黑发亮。

知识小链接

人一天能喝多少茶？饮茶量的多少决定于饮茶习惯、年龄、健康状况、生活环境、风俗等因素。一般健康的成年人，平时又有饮茶习惯的，一日饮茶12克左右，分3~4

次冲泡是适宜的。对于体力劳动量大、消耗多、进食量也大的人，尤其是高温环境、接触毒害物质较多的人，一日饮茶20克左右也是适宜的。油腻食物较多、烟酒量大的人也可适当增加茶叶用量。孕妇和儿童、神经衰弱者、心动过速者，饮茶量应适当减少。

（五）隔夜茶的益处

医学界研究发现，隔夜茶如果使用得当，对人体有一定益处。因为隔夜茶里含有丰富的酸素和氟素，可以阻止毛细血管出血，如患口腔炎、舌痛、湿疹、牙龈出血、皮肤出血等症都可以用隔夜茶来医治，既简单又经济。眼睛出现红血丝或是习惯性见风流泪，如果能坚持每天用隔夜茶洗眼数次，可以起到一定的治疗作用。

另外，每天早上刷牙前后或吃饭前后，含漱几口隔夜茶，不但可以清新口气，而且茶中的氟素可以起到固齿的作用。隔夜茶可用来洗头，可有效地止痒、生发和清除头屑，使头发顺滑飘逸。如果感觉眉毛稀少，总有脱落现象发生，可以坚持每天用刷子蘸上隔夜茶刷眉，长期使用，眉毛会变得浓密光亮。

三、如何科学饮茶

所谓科学饮茶，就是最有效地发挥饮茶对人体的有益作用，避其不利的一面。茶能提神醒脑，对某些疾病还有很好的疗效。但饮茶也并不是完全有益无害，应因时因地因人而异，既不能笼统地提倡饮茶越多越好，也不能简单地拒绝喝茶。科学饮茶不仅要选择适合自己的茶叶，更要做到现泡现饮、饮茶适量、饮茶适人和饮茶适时。

（一）科学饮茶应该遵循的原则

1. 现泡现饮

自古以来，人们都习惯了茶壶、茶杯，先在茶壶冲泡，然后注入茶水再饮，古人谓之饮茶。当今饮茶，无论自饮或为客人冲泡，不少人习惯直接将茶叶冲泡在杯内随杯而饮，这是很不合理的。因为茶叶浸泡的时间过长，化学成分起了变化，微量元素也浸泡出来了，不仅色、香、味变质，而且有些不利于健康的物质累计超过卫生标准也会对人体产生影响。

2. 饮茶适量

饮茶有益健康，不是说喝得越多越好。我国中医学研究表明，脾胃虚弱，饮茶不利；脾胃强壮，饮茶有利。这是因为饮茶和有刺激中枢神经的作用：茶中含有咖啡因，如在人体中积累过多，超过卫生标准就会中毒，损害神经系统，饮茶容易失眠的道理即在于此。严重者还会造成脑力衰退，降低思维能力。一般来说，每人每天用茶5~10克，分三次泡饮为好，夏季可适量增加。注意，切不可用茶水服药，服药后不饮茶。

3. 饮茶适人

不同体质的人适宜饮用不同的茶，尤其是身体不太好的人更应该注意。一般来说，身体健康的成年人饮用红茶、绿茶即可；老年人则以饮用红茶为宜，也可间接饮用一杯绿茶或花茶；患有胃病或者十二指肠胃溃疡的人以喝红茶为宜，不宜饮用过浓的绿茶。此外，如患有下列疾病的病人不宜饮茶：感冒发烧的病人忌饮茶，因为伤风感冒的病人喝热而浓的茶不利于身体的康复。英国药理学家证明，茶叶中所含的茶碱会提高人体体温，还会使降温药物的作用消失或大大降低，因此发烧时不宜饮茶。贫血病人不宜饮茶，贫血患者中以缺铁性贫血者最多，如果饮茶，茶叶中的鞣酸极易与低价铁结合而形成不溶性鞣酸铁，阻碍铁的吸收，使贫血病情加重。患有尿道结石的病人应多饮水以促进排石，但不宜饮茶。

4.饮茶适时

从科学饮茶的角度而言，一年四季，气候变化不一，不但寒暑有别，而且干湿各异，在这种情况下，人的生理需求是各不相同的。因此，从人的生理需求出发，结合茶的品性特点，最好能做到四季饮用不同的茶，使饮茶达到更高的境界。如春季饮花茶，夏季饮绿茶，秋季饮青茶，冬季饮红茶。

（二）饮茶的禁忌

1.科学饮茶、儿童适度

茶水对儿童健康同样有好处，但要适度。儿童适度饮用淡茶，可以补充机体对维生素、蛋白质、糖和无机物锌、氟的需要；又可以消食解腻，助胃消化；用茶水漱口，可以强化骨骼，预防龋齿。如果饮用过量，会增加其心、肾的负担；茶水过浓，会使孩子过度兴奋，心跳加快，小便次数增多，引起失眠。

2.女性饮茶避开"五期"

（1）月经期。经血中含有比较高的血红蛋白、血浆蛋白和血色素，所以女性在经期或是经期过后不妨多吃含铁比较丰富的食品。而茶叶中含有30%以上的鞣酸，它妨碍肠黏膜对于铁分子的吸收和利用，在肠道中较易同食物中的铁分子结合，产生沉淀，易导致缺铁性贫血。但对在经期前后情绪不稳定、烦躁且喜欢喝茶的女性来说，可以适当饮用花茶，起到疏肝解郁、理气调经的作用。

（2）妊娠期。孕妇并不是绝对不能喝茶。缺锌会影响儿童发育，孕妇缺锌，则会影响胎儿发育，甚至有可能引起胎儿先天性畸形。绿茶的含锌量比较多，所以孕妇每天可以饮用3克绿茶，冲泡2~3次茶水，切忌过量、过浓。

（3）临产期。在此期间喝茶，会因咖啡因的作用引起心悸、失眠，导致体质下降，还可能导致分娩时产妇筋疲力尽、宫缩无力，造成难产。

（4）哺乳期。茶中的鞣酸被胃黏膜吸收，进入血液循环后，会产生收敛作用，从而抑制乳腺的分泌，造成乳汁的分泌障碍。此外，由于咖啡因作用，母亲不能得到充分的睡眠，而乳汁中的咖啡因进入婴儿体内，会使婴儿发生肠痉挛，出现烦躁啼哭。

（5）更年期。女性45岁开始进入更年期，除了头晕、乏力，有时还会出现心率过速或睡眠不足、月经期紊乱等症状，如常饮茶，会加重这些症状，不利于顺利度过更年期。

3.老年人喝茶"因人而异"

许多老年人养成了喝茶养生的习惯。然而，一切事物都有两面性，喝茶也有禁忌和讲究，特别是对老年人来说，如果没有节制，反而可能有损健康。总的来说，老年人喝茶，宜淡不宜浓。同时，要根据自己的身体状况来选择茶的种类。

有溃疡病和胃肠功能紊乱者，不宜饮茶。高血压病患者最好喝绿茶，因为在各类茶叶中，绿茶所含有的咖啡因较少、茶多酚较多，而茶多酚可消除咖啡因的升压作用；体质较好、肥胖的老年人适合饮绿茶，而体质较弱、胃寒的老年人适合饮红茶。

饭后不宜饮茶，以免冲淡胃液，影响消化。睡前不宜饮茶，以免过于兴奋，造成失眠。隔夜茶不宜喝，因为隔夜茶易被微生物污染，且含有较多的有害物质。泡茶时不宜用滚开水，以免破坏茶叶中的维生素等营养成分。

第三节　茶叶的食疗保健

茶叶具有很好的食疗价值。茶叶中的叶绿素、维生素、类脂、咖啡碱、茶多酚、脂多糖、蛋白质和氨基酸、碳水化合物、矿物质等对人体都有很好的营养价值和药理作用。茶叶既有天然保健的作用，又有医药功能，这是茶叶天生具有的特性。

第一，喝茶可以为人体提供热能。与其他食品相比，茶叶是一种低热能食物。茶叶所含热能与其质量和种类有关。一般是茶质量越好，热能越高。就种类来看，绿茶含热量最高（1.26~1.46千焦），其次是红茶、花茶、乌龙茶，砖茶最低。

第二，茶叶中的蛋白质含量非常丰富，而且茶叶中的必需氨基酸组成与鸡蛋和黄豆相比，种类更加齐全。

第三，茶叶中的碳水化合物含量多在40%左右，某些优质茶叶可高达60%以上，且多为多糖类。

第四，茶叶含有较低的脂肪，茶叶所含的脂肪不高，绿茶不超过3%，砖茶中含量为8%。

第五，茶叶中的维生素对人体非常有益，茶叶中水溶性维生素可全部溶解在热水中，浸出率几乎达100%。

第六，茶叶中含有的矿物质占4%~9%，其中50%~60%可溶解在热水之中，能被人体吸收利用。茶叶中含量最多的无机成分是钾和磷，其次是钙、镁、铁、锰等，而铜、锌、钠、硫等元素较少。不同种类的茶叶中其含量稍有差别，绿茶所含的磷和锌比红茶高，但红茶中的钙、铜、钠比绿茶高。

一、茶叶的食用方法

（一）茶叶粥

用料：绿茶花 10 克，粳米 50 克，白糖适量。制法：将绿茶煮成浓茶汁 100 毫升并去渣，粳米洗净，加入茶汁、白糖及水 400 毫升，文火熬成稠粥。食法：每日两次。精神亢奋、不易入眠者，晚餐勿服。茶叶粥对急慢性痢疾、肠炎、急性肠胃炎、阿米巴痢疾、心脏病水肿、肺心病和过于疲劳等症有一定疗效，《保生集要》说："茗粥，化痰消食，浓煎入粥。"

（二）鸡茶饭

用料：鸡胸肉 8 小片，鸡蛋 1 个，小麦粉 100 克，粳米饭、食盐、干紫菜丝、绿茶末等适量，酒 20 毫升。制法：将鸡胸肉纵切成丝，用刀背轻轻敲打，撒上精细食盐和黄酒，放置 4~5 分钟。鸡蛋打入碗中，加冷水 150 毫升，调入小麦粉，迅速用力搅匀成蛋糊。鸡肉丝蘸上蛋糊，在热油中炸熟，捞出放在粳米饭上，撒以绿茶末、细盐及干紫菜丝即成。食法：工余假日服用鸡茶饭，可增进食欲，有助于健康。

（三）清蒸茶鲫鱼

用料：活鲫鱼一条，绿茶 10 克。制法：活鲫鱼去鳞、肠、鳃后洗净，将绿茶塞入鲫鱼腹内，置盘中上锅清蒸，约 40 分钟即可。食法：不加食盐每日 1 次。一个疗程为 3~5 天。补虚损、止消渴，对糖尿病患者烦渴、饮水不止有一定作用，也适宜热病。

二、保健茶饮制作

（一）山楂蜜茶

做法：鲜山楂 30 克、蜂蜜适量。将鲜山楂果研碎去籽，用开水冲泡果肉 15 分钟，再过滤取汁，最后依据个人口味调入蜂蜜即可。每日 2 剂，代茶饮。具有消食化积、强健脾胃的功效，适合脾胃虚弱者。

（二）大枣茶

做法：将大枣洗净后去核切碎，每日取适量用沸水冲泡，最后可将碎枣一起吃下。健脾胃、补气血，尤其适合女性养生食用。

（三）生姜红茶

做法：将红茶和磨碎的生姜放入杯中，加入适量的红砂糖，清晨一杯，有助头脑清醒。红茶能够养胃，胃肠不好的人，红茶是茶品中的首选。生姜具有发汗利尿的功效。

（四）黄芪红枣枸杞茶

做法：黄芪 15 克、枸杞 15 克、红枣 15 个、蜂蜜适量。砂锅加水，加黄芪、红枣、枸杞。大火烧开，转小火熬煮 1 小时即可。用滤网滤出茶汁，加蜂蜜拌均匀即可饮用。冬季养生饮用可以健脾养胃。

（五）健胃荞麦茶

做法：荞麦1钱、黄芪5钱。将荞麦、黄芪放入600毫升的热水冲泡，盖杯焖10分钟，滤渣取汁。此方可改善身体虚弱、盗汗、腹胀食少，可促进脾胃运作、增加食欲。

（六）桂花茶

做法：将7~10朵干桂花加入适量的红茶、红糖后，以热水冲泡。桂花有温中散寒、暖胃止痛、化痰散淤的作用，对食欲不振、痰饮咳喘、痔疮、痢疾、腹痛有一定疗效。

（七）蜂蜜姜茶

做法：生姜一块（约拇指大小），去皮切丝，清水适量煮开30分钟，加入蜂蜜2~3汤匙即可。经常饮用可温胃健脾。

（八）牛奶红茶

做法：红茶3克，牛奶100克，食盐2克。将红茶放入锅中，加水煎煮5分钟。红茶叶过滤掉，另以一只锅煮牛奶。将牛奶煮沸后加入茶汁，加入食盐搅拌。加牛奶的红茶能消炎、保护胃黏膜，对治疗溃疡也有一定效果。

（九）陈皮生姜茶

做法：取陈皮5克，生姜2片，加适量红糖，用沸水冲泡，一次一杯，一天两到三次即可。中医认为，陈皮性味辛、苦、温，入脾、肺经；有行气健脾、降逆止呕、调中开胃、燥湿化痰之功。

（十）四君子茶

做法：党参10克、茯苓10克、白术10克、甘草10克。所有材料放入锅中，加800毫升的水煮沸后续煮5分钟即可关火，趁热饮用，助消化、改善脾胃气虚症。

【本章小结】

本章分析了茶叶对人体有益的成分、茶叶的养生知识以及茶叶的各种保健功效。通过认识茶、了解茶，掌握茶叶的品饮、鉴别知识，学会科学饮茶。

【复习思考题】

1.茶叶中有哪些药用成分与营养成分？

2.哪些人不适宜饮茶？

3.尝试自己调配几款健脾胃的健康茶饮。

下篇

茶艺实训

任务六　茶艺师的修养与茶艺礼仪

【学习目标】

　　1. 了解茶艺师的修养。

　　2. 掌握茶艺礼仪。

【学习重点】

　　1. 茶艺师的基本素质。

　　2. 茶艺礼仪的实训及掌握。

【案例导入】

　　一天，茶楼来了几位客人，服务员小王礼貌地迎了上去，并根据客人的要求把他们安排到了包房里。当客人安定下来后，小王问："请问几位需要什么茶？"其中一位客人问："你们这有什么茶？"小李说："我们茶楼茶叶品种丰富，什么样的茶都有，你们需要什么？"客人让小王给他们推荐一下，小王推荐了几个品种，但客人都不太满意，而且有些不耐烦了，如果你是服务员，该怎么办？

第一节　茶艺师的修养

　　随着社会生活的发展和进步，人们对品茗艺术的追求越来越高，对集茶文化推广、提供品茶服务以及相关艺术表演于一身的茶艺师也提出了更高的要求。茶艺师应具备的修养包括：丰富的文化底蕴、扎实的茶艺基本知识、娴熟的茶叶冲泡技能、审美素养、表演素养、良好的职业道德等。

一、丰富的文化底蕴

　　中国有数千年古老而悠久的文明发展史，这为我国茶文化的形成和发展提供了极为丰富的底蕴，中国茶文化在其漫长的孕育和发展过程中不断地融入民族的优秀传统文化精髓，并在民族文化巨大而深远的背景下逐步发展成熟，中国茶文化以其独特的审美情趣和鲜明的个性风采，成为中华民族灿烂文明的重要组成部分。

历史证明，中国是茶的故乡。茶艺师作为茶文化的传承者和传播者，要想准确传达茶文化的精髓，理应具备丰富的文化知识。这些文化知识既包括茶的起源与发展、中国茶文化的内涵、茶文化简史、饮茶方式的演变、饮茶与健康等内容，还包括与茶相关的其他知识，如有关茶的历史典故，不同国家的饮茶习俗，与茶有关的诗句、著作等。

一个优秀的茶艺师，要在茶艺表演中将这些相关的信息与自己的茶席设计融为一体，传递给观众，使品茶者在享受茶之美的同时，汲取茶文化知识的营养，享受品茶的乐趣。

二、扎实的茶艺基本知识

我国地大物博，茶区幅员辽阔，加之产茶历史悠久，茶树的生长环境千差万别，茶叶品种包罗万象，而各个民族的饮茶习俗更是千差万别，要掌握这些知识，做一名合格的茶艺师，必须提升文化修养、博览群书，否则难以胜任。

我国各民族在饮茶过程中，使用茶具种类繁多，茶具在用料、烧制和使用过程中，也形成了自己独有的文化，这也是茶文化的一部分。如今社会上流行的茶具，各种质地、各种烧制技术都有。

作为一名合格的茶艺师，不仅要熟知我国六大基本茶类的制茶工序及各大类茶的名优代表茶，还要学会选配适合沏泡各类茶的茶具，以充分发挥出每种茶的特点，这是一种行业素养，需要多读书、多观察、多喝、多冲泡、多体会。

三、娴熟的茶叶冲泡技能

我国是一个多民族国家，名茶荟萃，茶叶沏泡技艺丰富多彩。作为一名茶艺师，不仅要有丰富的专业理论基本知识，还必须具有较强的动手操作能力。

最主要的还是要练好茶叶沏泡的基本功，使名贵的茶叶通过正确、娴熟、流畅的沏泡技艺，展现茶叶芳香。要达到此目的，就要根据客人饮茶品类配置合适的茶具，选择适宜的水，把握好投茶量、注水量、泡茶水温及沏泡时间，在沏泡过程中，根据所沏泡茶叶的品质特点，恰当运用泡茶中常用的一些动作，如为使茶性得到发挥，运用"吊水线""凤凰三点头""高山流水"等技法；为使茶汤均匀地倒入各杯中，运用"关公巡城""韩信点兵"等技法。

四、审美素养

茶艺之美，历来为世人所称道。在袅袅的茶香水汽中，蕴涵着茶文化的美，净化品茶者的心灵。

茶艺是一门艺术，当然具备艺术所具有的美学特征。有人总结茶艺有"六美"：

一是"人之美";二是"茶之美";三是"水之美";四是"器之美";五是"境之美";第六是"艺之美"。要充分体现、发扬茶艺的这些美,就要求茶艺师必须具备审美素养。

审美素养,以文化素养为基础,又得到进一步升华。在整个茶艺表演过程中,从开始的环境选择、器具准备、音乐配伍,到茶艺表演的设计、表演过程的协调性,直至表演过程的结束,都要根据饮茶的对象、茶室的环境、茶类的不同而从新的角度进行设计、表演,从而使饮茶者在饮茶的同时,体会到茶文化之美。

在沏泡过程中,要围绕着为客人沏出一杯色、香、味、形俱佳的好茶,展示出艺术性,给人美的享受,动作一定要柔和、轻盈、连续,节奏适度。这就需要茶艺师有敏锐的接受能力和较强的创新能力,有良好的形体知觉能力,较敏锐的嗅觉、色觉和味觉,以及一定的美学鉴赏能力。只有如此,才能掌握好茶叶沏泡技能,以良好的沏泡技艺,弥补所泡茶叶品质的某些不足之处,为客人奉上一杯好茶。

五、表演素养

茶艺同时是一门表演艺术,是在特定的环境中,以茶为载体,以音乐为伴侣,用优美的动作来展示、体现饮茶之美。所以从观赏层面上来说,要求茶艺师也必须具备一定的表演素养。

茶艺表演不同于一般的表演,它是将泡茶的动作与泡茶的环境、器具、茶叶、音乐等有机融合在一起的表演,它要求在表演过程中,首先要对几个方面进行了解:① 所表演的茶类特点;② 所用的器具的特点;③ 所演示的茶的冲泡技术和沏茶方法。此外,还应该具有良好的礼仪和仪容仪表。表演是茶艺的关键一环,也是以上两种素养最直接的体现。

优秀的茶艺师,能够将他所冲泡的茶的文化底蕴、茶艺设计过程中的审美取向通过表演这一环节充分展现出来,给人以最大的享受。

六、良好的职业道德

职业道德是做人的基础,职业道德是人格的一面镜子,是人生事业成功的保证。近年来,随着市场经济的发展,各地茶艺馆发展势头良好,但随之而来的是一些茶馆中也出现了有的经营者"唯利是图",不讲职业道德,欺骗顾客,严重影响了茶馆的形象。因此,茶艺师树立良好的职业道德,也是茶馆经营中面临的一个重要而紧迫的问题。

在国家颁布的《茶艺师国家职业标准》中,明确规定茶艺师的职业守则是:热爱专业,忠于职守;遵纪守法,文明经营;礼貌待客,热情服务;真诚守信,一丝不苟;钻研业务,精益求精。虽然不是每个茶艺服务人员都是茶艺师,但既然行茶艺师之事,就应该按茶艺师的标准来严格要求自己。做到"慎独",只有这样,才能树立良好的职业道德。

第二节　茶艺礼仪

中国是礼仪之邦，孔子曰："不学礼，无以立。"茶事活动是高品位的社会活动，茶艺礼仪是整个活动的前提。所以，以礼仪规范我们的茶事活动，是我们学习茶艺的先决条件。

茶艺礼仪是指人们在茶艺活动中约定俗成的行为规范。其本质是"诚"，其核心是互相尊重、互相谦让。茶艺之所以吸引人，与茶艺礼仪是分不开的，以下是茶艺礼仪的原则以及基本要求。

一、茶艺礼仪的原则

茶艺礼仪作为在茶事活动应运而生的要求和规范，可概括为以下原则。

（一）遵守与自律的原则

在茶事活动中，每一位参与者都必须自觉遵守礼——用礼仪去规范自己的言行举止，还要自我要求、自我约束。

（二）敬人与宽容的原则

不可失敬于人，不可伤害他人尊严，更不能侮辱对方人格，长存敬人之心；在茶事活动中既要严于律己，更要宽以待人。要懂得容忍他人，不要求全责备。

二、茶艺礼仪的基本要求

茶艺是茶文化的精粹和典型的物化形式。作为茶艺人员，应该具有较高的文化修养、得体的行为举止，熟悉和掌握茶文化知识以及泡茶技能，做到神、情、技动人。也就是说，无论在外形、举止乃至气质上，都有更高的要求。得体的着装、整齐的发型、优雅的举止、洁净的面部、优美的手型是对茶艺师仪容仪表最好的诠释。

茶与艺术结合后的基本特征是：人们通过茶的科学泡饮来追求艺术的审美感受。既要通过以茶为灵魂的静态艺术物象要素营造美的氛围，又要通过为实现茶的最佳质态为目标的艺术肢体语言加以传递。因此，茶艺礼仪应循序以下三方面的基本要求。

（一）仪表美

1. 得体的着装

茶的本性是恬淡平和的，因此，茶艺师的着装以整洁大方为好，不宜太鲜艳。女性切忌浓妆艳抹，穿着大胆暴露；男性也应避免乖张怪诞，如乞丐装等。总之，无论是男性还是女性，都应仪表整洁、淡雅。服装和茶艺表演内容、场合相配套，服饰以中式为宜，袖口不宜过宽。举止端庄，要与环境、茶具相匹配，言谈得体，彬彬有礼，体现出内在的文化素养。

2. 整齐的发型

作为茶艺师，发型的要求与其他岗位有一些区别。发型原则上要根据自己的脸型，适合自己的气质，给人一种很舒适、整洁、大方的感觉，不论长短发，都要按泡茶时的要求进行梳理。切忌披头散发，长头发最好盘发。尽量不要染发，特别是不要染浮夸怪异的色彩。

3. 优雅的举止

举止是指人的动作和表情，一个人的个性很容易从泡茶的过程中表露出来。日常生活中人的一举手一投足、一颦一笑都可概括为举止。它是一种不说话的"语言"，可以反映一个人的素质、受教育的程度及能够被人信任的程度。

对于茶艺师来讲，冲泡茶叶过程中的一举一动尤为重要。茶艺师的举止应庄重得体，落落大方。在茶艺活动中，要坐有坐相、站有站相、走有走相，即坐着端庄、站着挺拔、走着轻盈，保持良好的仪表仪容。

4. 洁净的面部

面部洁净是对茶艺师最基本的要求，平时还要注意保养，保持精神的状态。为客人冲泡茶叶时，表情要平和自然，面带微笑。如果茶艺师是男士，也要将面部修饰干净，不留胡须，给人以洁净舒服的感觉。如果是女士，可化淡妆，不要喷味道强烈的香水，否则茶香被破坏，影响了品茶时的感觉。

5. 优美的手型

在冲泡茶叶的过程中，客人的目光大多聚焦于茶艺师的手上，观看冲泡的全过程。因此茶艺师的手极为重要。作为茶艺人员，首先要有一双干净、整洁的手。平时注意适当的保养，冲泡茶叶时不要用护手霜。

（二）仪态美

表演者行茶动作应谦和、流畅、准确、优美。仪态美要求礼仪周全、举止端庄，具体表现在站、坐、行的姿态方面。

1. 站姿

站姿是茶艺师的基本功，是茶艺师自身素养的重要组成部分，是茶艺员仪表美的起点和基础。站立时，要姿势端正，挺胸、收腹、提臀，眼睛平视，嘴微闭，面带微笑，下颌微收。女茶艺师可采用"V"字步或"丁"字步。

"V"字步要求两脚跟并拢，脚尖略分开，约呈45°~60°；双臂自然下垂，双手自然交叉相握摆放于腹前。注意被握住的那只手的手指不可外露。男茶艺师双脚打开与肩同宽，用其中一只手握住另一只手（握拳）的手腕处放在腹前。

"丁"字步是在"V"字步的基础上，右脚后退半步至左脚内侧脚跟，两腿两膝并拢挺直，身体重心可放在任一腿上，并且可以通过重心的转移来缓解长时间站立的疲劳。

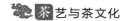

2. 坐姿

茶艺师在工作中经常要为客人沏各种茶，大多时候需要坐着进行，因此工作人员良好的坐姿显得尤为重要。

（1）常用坐姿。茶艺师入座时，略轻而缓，但不失朝气，坐时轻稳，最好坐椅子的1/3或一半，坐下时，上身正直，头正目平，嘴巴微闭，脸带微笑，小腿与地面基本垂直，两脚自然平放，男茶艺师可双脚与肩同宽，女茶艺师双脚并拢，不要仰靠椅背伸直双腿。双手自然交叉相握摆放于腹前或手背向上四指自然合拢，双手呈"八"字形放于茶台边。切忌跷二郎腿、抖腿等动作。

（2）跪式坐姿。在站立姿势的基础上，右脚后错半步，双膝下弯，右膝先着地，右脚掌心向上；随之左膝着地，左脚掌心向上，直至双膝跪下。身体重心调整落在双脚跟上，上身保持挺直，双手自然交叉相握摆放于腹前。两眼平直，表情自然，面带微笑。

由于茶桌的高矮、造型不同，坐姿也可能发生变化，除了正式的坐姿，还有侧点坐姿、盘腿坐姿。由于不常用，这里不再一一介绍。

3. 行姿

行姿的基本方法和要求是：上身正直，眼睛平视，面带微笑，肩部放松，手指自然弯曲，双臂自然前后摆动，摆幅约35厘米，如果在狭小的空间及场地中行走，也可采取双手交叉相握于腹前的姿势。

行走时身体重心略向前倾，两脚走路成直线，步幅以20~30厘米为宜。迈步要稳，切忌过急。步幅小，步子轻，不左右摇晃，用眼梢辨方向、找目标，是保持正确走姿的要领。

在进行茶艺表演时，茶艺师可以根据茶艺表演的主题、时代背景、服饰、造型、情节和音乐的节奏来确定走姿。

（三）语言表达自然美

美学家朱光潜："话说得好就会如实地达意，使听者感到舒适，发生美的感受，这样的话就成了艺术。"茶艺师在语言表达方面有以下两点要求：

1. 达意

语言准确、吐字清晰、用词得当、不可含糊其词、不夸大其词。

2. 舒适

声音柔和悦耳、吐字娓娓动听、抑扬顿挫、风格诙谐幽默、表情真诚、表达流畅自然。口头语辅以身体语言，如手势、眼神、面部表情的配合让人感到真情实意。

三、茶艺礼仪中的接待礼仪

茶是礼仪的使者，可融洽人际关系。行茶礼的目的在于自省修身、追求完美、提升生活品位；行茶礼仪多采用含蓄、温文、谦逊、诚挚的动作。

茶艺表演时要注意两件事：一是将各项动作组合的韵律感表现出来；二是将泡茶的

动作融进与客人的交流中。茶艺师在茶事活动中要做到"三轻"：说话轻、操作轻、走路轻。

（一）基本要求

1. 礼

在服务过程中，要以礼待人、以礼待茶、以礼待器、以礼待己。

2. 雅

茶乃大雅之物，茶艺人员要说话轻、操作轻、走路轻。努力做到言谈文雅，举止优雅，尽可能地与茶叶、茶艺、茶艺馆的环境相协调，给顾客一种高雅的享受。

3. 柔

茶艺师在进行茶事活动时，动作要柔和，讲话时语调要轻柔、温柔、温和，展现出一种柔和之美。

（二）茶艺师的人格魅力

1. 微笑

茶艺师的脸上永远只能有一种表情，那就是微笑。有魅力的微笑、发自内心的微笑，这样的微笑才会光彩照人。

2. 语言

茶艺师用语应该是轻声细语。但对不同的客人，茶艺师应主动调整语言表达的速度。

3. 交流

茶艺师讲茶艺不要从头到尾都是自己在说，这会使气氛紧张。应该给客人留出空间，引导客人参与进来，引出客人话题的方法很多，如赞美客人的服饰、气色、优点等，这样可以迅速缩短和客人之间的距离。总之，与客人协调一致，才会受到欢迎。

4. 功夫

知茶懂茶、知识面广、表演得体等，这是优秀茶艺师的先决条件。

四、茶艺活动中的礼仪

从茶人恭敬的言语和动作中能体现出其内心、精神、思想。表示尊敬的形式和仪式应当始终贯穿于整个茶道活动中，宾主之间应互敬互重。

（一）鞠躬礼

一般用在茶艺人员迎宾、茶艺表演始终及送客时，鞠躬礼分为站式、坐式和跪式三种。行礼时，站式双手自然下垂微弯，坐式和跪式行礼应将双手放在双膝前面，指尖不要朝正前方。

鞠躬礼按照的角度大小分全礼或真礼（90°）、半礼（45°）和草礼（30°）。

（二）伸手礼

伸手礼是茶事活动中最常用的特殊礼节，行伸手礼时，手指自然并拢，大拇指往内靠，右手从胸前自然向右前伸，随之手心向上，同时讲"请""谢谢""请观赏"，伸手礼主要用在介绍茶具、茶叶质量、赏茶和请客人传递茶杯或其他物品时。

（三）寓意礼

通过行礼，表示对客人的尊敬或其他寓意。比如冲泡"凤凰三点头"，即手提水壶高冲低斟反复三次，寓意是向客人三鞠躬以示欢迎。再比如冲泡前茶壶逆时针注水一圈代表对客人的欢迎，寓意为"来来来"。那么如果顺时针注水一圈呢？就可以理解为"去去去"了。由此可见懂茶礼的重要性。凡是有尖嘴的器具一律不要正对客人，当然也不要对自己。如果壶嘴对客人，则表示请人赶快离开。斟茶只斟七分即可，暗寓"七分茶三分情"之意。俗话说"酒满敬人，茶满欺人"，实际是因为酒是凉的，而茶是烫的，茶满也易烫伤客人。

（四）叩手礼

即以手指轻轻叩击茶桌来行礼，下级和晚辈必须双手指作跪拜状叩击桌子两三下；晚辈和下级为长辈和上级斟茶时，长辈和上级只需单指叩击桌面两三下表示谢谢。

我们在日常的茶艺活动中，既要遵循这些约定俗成的礼仪，也不能太过于拘泥，根据所处的环境和场合适时地变化才能营造一种和谐安详的品茶氛围。

传说典故

"叩手礼"的由来

乾隆微服下江南，有一次，到松江"醉白池"游玩，与随从在附近一家茶馆坐下歇脚。茶馆伙计先端上茶碗，随着退后，离桌几步远，拿起大铜壶朝碗里冲茶，只见茶水犹如一条白练自空而降，不偏不倚、不溅不洒地冲进碗里。

乾隆好奇，忍不住走上前，从伙计手里拿过大铜壶，也站在几步开外，学伙计的样子，向其余的茶碗里冲茶。随从见皇上为自己冲茶，吓得想跪下叩恩，可又怕暴露了乾隆的身份，窘急之下，于是纷纷屈起手指，"笃笃笃"不停地在桌子上叩击。

事后，乾隆不解地问随从："你们为什么用手指叩击桌子？"

随从们答道："万岁爷给奴才倒茶，万不敢当，以手指叩击桌子，既可以避免泄漏皇上身份，也是代表叩头致谢也。"

以后，民间也开始流行以手指叩桌的谢礼风尚。"以手代叩"的动作一直流传至今，以表示对他人敬茶的谢意。

五、摆台礼仪

茶台上因冲泡不同的茶会有不同的茶具，但无论用什么茶具，都应遵循几个茶台摆放的原则和礼仪要求。

（一）从低到高原则

在茶盘或茶桌上，以客人为例，离客人越近的地方，应该放置越矮的茶具，相应地，离客人越远的地方，放置越高的茶具。这样，客人就能看到茶艺表演的所有过程而不被较高茶具所遮挡。对客人而言，这也是一种尊重。

（二）尖不朝上、口不对人原则

凡是尖的茶具，一律不朝上放。比如茶道组中的茶针不朝上放，否则易伤到人。口不对人，指有口的茶具不正对人放置，既不正对客人，也不正对自己。比如随手泡的口、公道杯的口、紫砂壶的口，都不正对人。通常我们会斜45°放置，至于朝哪边的45°，则可以根据茶艺表演的需要和习惯而定，不必太教条。

（三）从左到右的原则

从古至今，中国人的礼仪中，是以左为尊、以左为敬，因此无论是冲泡的操作过程，如温杯洁具、分杯，还是敬奉佳茗，都应按从左到右的顺序进行，最后一杯留给自己。

（四）美观适用的原则

在茶台摆放时，一定要本着美观适用、便于操作的原则，不可太死板。比如用玻璃杯冲泡，同时放两个或两个以上的玻璃杯，如果和茶盘保持水平，放成一条线，茶壶注水就容易碰到下一杯，从而可能出现操作失误。所以我们可以尝试更适用的摆台方法，更加便于操作，但同时也不影响美观。切不可生搬硬套，那就失去茶艺的魅力了。

总之，茶台的摆放，既要遵循一定的礼仪，又要活学活用；既可以继承传统，又可以创新。这样的茶艺才具有源源不断的生命力。

【本章小结】

1. 茶艺师应具备的修养包括：丰富的文化底蕴、扎实的茶艺基本知识、娴熟的茶叶冲泡技能、审美素养、表演素养、良好的职业道德等。

2. 茶艺礼仪的原则：遵守与自律的原则、敬人与宽容的原则。

3. 茶艺礼仪的基本要求：仪表美、仪态美、语言表达自然美。

（1）仪表美体现在得体的着装、整齐的发型、优雅的举止、洁净的面部、优美的手型方面。

（2）仪态美体现在站姿、坐姿和行姿方面。

（3）语言表达自然美体现在达意和舒适两个方面。

4. 茶艺礼仪中接待礼仪的基本要求：礼、雅、柔。

5. 茶艺师的人格魅力表现在微笑、语言、交流、功夫方面。

6. 茶艺活动中的礼仪包括鞠躬礼、伸手礼、寓意礼、叩手礼。

7. 摆台应遵循从低到高，尖不朝上、口不对人，从左到右，美观适用等原则。

【复习思考题】

实训：组成学习小组，每个同学按下列茶艺师鞠躬礼动作标准逐一进行练习，组长负责把关。

考评项目	动作要领	要求
站式鞠躬礼	（1）左脚先向前，右脚靠上，左手在里，右手在外，四指合拢相握于腹前 （2）缓缓弯腰，双臂自然下垂，手指自然合拢，双手呈"八"字形轻放于双腿上 （3）直起时目视脚尖，缓缓直起，面带微笑 （4）俯下和起身速度一致，动作轻松，自然柔软	真礼：弯腰约90°
		行礼：弯腰约45°
		草礼：弯腰小于45°
坐式鞠躬礼	（1）在坐姿的基础上，头身前倾，双臂自然弯曲，手指自然合拢，双手掌心向下，自然平直放于双膝上或双手呈"八"字形轻放于双腿中、后部位置 （2）直起时目视双膝，缓缓直起，面带微笑 （3）俯下、起身时的速度、动作要求同站式鞠躬礼	真礼：头身前倾约45°，双手平扶膝盖
		行礼：头身前倾小于45°，双手呈"八"字形轻放于1/2大腿处
		草礼：头身略向前倾，双手呈"八"字形轻放于双腿后部位置
跪式鞠躬礼	（1）在跪坐姿势的基础上，头身前倾，双臂自然弯曲，手指自然合拢，双手呈"八"字形，或掌心向下，或平扶，或垂直放于地面双膝前位置 （2）直起时目视手指尖，缓缓直起，面带微笑 （3）俯下、起身时的速度、动作要求同站式鞠躬礼	真礼：头身前倾约45°，双手掌心向下，平扶触地于双膝前位置
		行礼：头身前倾小于45°，双手掌心向下，四指触地于双膝前位置
		草礼：头身略向前倾，双手掌心向内，指尖触地于双膝前位置

注："真礼"用于主客之间，"行礼"用于客人之间，"草礼"用于说话前后。

任务七　茶叶冲泡基础

【学习目标】

1. 让学生了解茶叶冲泡的基本要求。
2. 掌握茶具的分类及特点。
3. 掌握泡茶用水的分类及泡茶用水的要求。
4. 学习各类茶叶的冲泡技艺。

【学习重点】

1. 了解茶叶冲泡的基本要求，尤其是选水、择器的要求。
2. 掌握各类茶叶冲泡的基本要求。
3. 通过练习，掌握茶叶冲泡的基本技能。

【案例导入】

某地一所知名度较高的茶艺馆招聘茶艺师，因其环境优美、管理人性化、员工待遇好，应聘者众多。招聘时，负责招聘的人事部主管要求应聘者展示自己的冲泡技能，自行选择茶具冲泡当地名品普洱茶。与其他应聘者相比，小 A 并非才貌出众、技艺超人，但小 A 最终成功签约。究其原委，人事部主管在签约后道出实情：选择茶具时，小 A 面前仅剩下两只紫砂壶，她认真注意观察嗅闻壶中气味，最终选择瓷盖碗作为冲泡用具，避免了使用紫砂壶可能出现的影响茶汤品质的情况。

这一案列说明，泡好一壶茶涉及诸多因素，如果没有日积月累的练习和实践，没有事事从细微处着手的做事习惯，没有善于思考问题解决困难的探求精神，泡好一壶茶这样一件看似简单的事也是有可能做不好的。

第一节　茶叶冲泡要领

冲泡茶叶，就是用开水浸泡成品茶，使茶中可溶物质溶解于水，成为茶汤的过程。

初看起来，是人人皆会的，没有什么学问，其实不然。有的人天天泡茶，但未必领略泡茶真谛，对各种茶的沥泡特点也不一定能够掌握自如。

不同种类的茶，便有不同的冲泡方法，即使是同一种类茶，也有不同的冲泡方法。在众多的茶叶中，由于每种茶的特点不同，有的重茶香，有的重茶味，有的重茶形，有的重茶色，便要求泡茶有不同的侧重点，并采取相应的方法，以发挥茶叶本身的特色。

泡茶是一门综合艺术，需要较高的文化修养，即不仅要有广博的茶文化知识及对茶道内涵的深刻理解，而且要具有高度的道德素养，同时深谙各民族的风土人情。正如鲁迅先生所言："有好茶喝，会喝好茶是一种'清福'；不过要享这种'清福'，首先就须有工夫，其次是练习出来的特别感觉。"否则，纵然有佳茗在手，也无缘领略其真味。总体而言，泡茶要素包括茶的用量、水温和冲泡时间三要素。

一、茶的用量

要泡好一杯茶或一壶茶，首先要掌握茶叶的用量。茶叶究竟用多少，其实并非一成不变。主要是根据茶叶的种类、茶具大小以及饮茶者的习惯而定。茶叶种类繁多，茶类不同，用量各异。一般而言，标准置茶量如下：

花茶、绿茶、红茶的茶水比为 1 ：50，即 1 克茶叶的比例是 50 毫升水。以 3~4 克茶叶泡 150~200 毫升水为宜；用茶量最多的是乌龙茶，茶水比为 1 ：20，即 1 克茶叶的比例是 20 毫升水。

从以上数据不难看出，准确的数据需要我们准备两类度量衡器具：一类是称量茶叶重量的天平或电子秤，另一类是用来量取泡茶用具水容量的量杯。当然，泡茶不是精准的化学实验，不需要每次都称茶量水。记住了泡茶用具的水容量，我们就可以凭经验泡茶了。

二、水温

古人对泡茶水温十分讲究。宋代蔡襄在《茶录》中说："候汤最难，未熟则沫浮，过熟则茶沉，前世谓之蟹眼者，过熟汤也。沉瓶中煮之不可辨，故曰候汤最难。"明代许次纾在《茶疏》中说得更为具体："水一入铫，便需急煮，候有松声，即去盖，以消息其老嫩。蟹眼之后，水有微涛，是为当时；大涛鼎沸，旋至无声，是为过时；过则汤老而香散，决不堪用。"以上说明，泡茶烧水，要大火急沸，不要文火慢煮。以刚煮沸起泡为宜，用这样的水泡茶，茶汤香味皆佳。如水沸腾过久，即古人所称的"水老"。此时，溶于水中的二氧化碳挥发殆尽，泡茶鲜爽味便大为逊色。未沸滚的水，古人称为"水嫩"，也不适宜泡茶，因水温低，茶中有效成分不易泡出，使香味寡淡，而且茶浮水面，饮用不便。

其实，泡茶水温的高低与茶叶中可溶于水的浸出物质有关，所以，不同的茶叶适用不同的水温。一般情况下，冲泡高档绿茶的水温在 75℃~85℃ 之间，高档绿茶芽叶细嫩，如水温过高，维生素 C 会被破坏，同时，汤色会因而变黄，茶多酚快速浸出后茶汤也会变得苦涩；冲泡普通绿茶、花茶以及轻发酵的乌龙茶、普洱生茶的水温一般在90℃左右；乌龙茶、红茶、普洱熟茶等的水温一般为 95℃左右；冲泡选料细嫩的白茶、黄茶，用 70℃的水就可以了。

这里要特别说明一点，以上所说水温通常是指将水烧开之后（水温达 100℃），再冷却至所要求的温度。泡茶的经验积累在这个时候显得很重要。

三、冲泡时间

茶叶冲泡的时间，通常与茶叶种类、泡茶水温、用茶数量、泡茶用具和饮茶习惯等都有关系，不可一概而论。一般而言，投茶量大、水温高、水量多、茶叶细嫩的，冲泡时间要短，反之，则冲泡时间长。通常普通的红茶、绿茶，头泡以 30~50 秒左右饮用为宜；乌龙茶第一泡的时间大约为 45 秒，第二泡应比第一泡多 15 秒钟左右，依次类推。白茶和黄茶选料细嫩，水温要求低至 70℃，浸泡时间应在 1 分钟左右。普洱茶因为原料和工艺差异大，醒茶时观察茶汤的浸出速度就非常重要。一般而言，浸出快的需要快速出汤，浸出慢的则需要延长浸泡时间。

除了以上三要素外，泡茶的次数也很重要。由于茶叶的品种不同、老嫩程度不同、紧结程度不同，冲泡的次数也不尽相同。一般高档绿茶、黄茶、白茶以冲泡 2~3 次为宜；乌龙茶、大宗的红茶、绿茶以冲泡 5~7 次为宜；袋泡茶以 1 次冲泡为宜。云南大叶种茶因为叶肉厚，内含物丰富，以其为原料加工的普洱茶和红茶耐泡度明显高于其他品种的茶叶。

第二节　茶具的种类及特点

我国的茶具，种类繁多，造型优美，除实用价值外，也有颇高的艺术价值，因而驰名中外，为历代饮茶爱好者所青睐。由于制作材料和产地不同可分陶土茶具、瓷器茶具、玻璃茶具、金属茶具等几大类。

一、陶土茶具

陶土器具是新石器时代的重要发明，最初是粗糙的土陶，然后逐步演变为比较坚实的硬陶，再发展为表面上釉的釉陶。

1953 年，在北京举办的全国民间工艺品展览会上，江苏宜兴紫砂陶、广西钦州坭兴桂陶、云南建水紫陶、四川荣昌陶器以其悠久的历史、卓然不凡的陶瓷品相和深厚的文化内涵，被国家轻工部命名为"中国四大名陶"。

（一）宜兴陶瓷

宜兴陶瓷已有四五千年的历史，其中紫砂陶最具特色。其别致的造型、精湛的工艺、古朴的色泽和优良的实用功能，在国内外享有很高的声誉。紫砂陶有壶、杯、瓶、盆等上千个品种，其中紫砂茶壶不仅具有较高的艺术价值，还具有泡茶不走味、贮茶不变色、盛夏不易馊等独特优点。紫砂陶不仅具有独特的功能效用，更具有收藏的价值。紫砂壶是"世间茶具称为首"的泡茶器皿，它的内在与外在形式达到了相对的统一，可谓形体完美、美观大方。

（二）坭兴桂陶

又名坭兴陶，以广西钦州市钦江东西两岸特有紫红陶土为原料，将东泥封闭存放，西泥取回后经过四至六个月以上的日照、雨淋使其碎散、溶解、氧化，达到风化状态，再经过碎土，按 4∶6 的比例混合，制成陶器坯料。东泥软为肉，西泥硬为骨，骨肉得以相互支撑并经过坭兴陶烧制技艺烧制后形成坭兴桂陶。广西制陶术自成一体，地方区域特征明显。从桂林甑皮岩制陶开始，广西桂陶即形成独特的、鲜明的、以"双料混炼、骨肉相融、自然素烧、烧炼出彩、陶刻纹印、陶艺造型"六项制陶基本特征为特点的制陶工艺。产品有各种吸烟小泥器、茶壶、花瓶和文房用具等。

（三）建水紫陶

建水紫陶陶泥取自五彩山，含铁量高，使成器硬度高、强度大，表面富有金属质感，叩击有金石之声。经无釉磨光、精工细磨抛光，质地细腻，光亮如镜。有"坚如铁、明如水、润如玉、声如磬"之誉。建水陶讲究精工细作，尤其注重装饰，它以书画镂刻、彩泥镶填为主要手段，集书画、金石、镌刻、镶嵌等装饰艺术于一身。建水陶集实用性与观赏性于一身，有壶、杯、盆、碗、碟、缸、汽锅、烟斗、文房四宝等产品。

（四）荣昌陶器

荣昌陶品种繁多，工艺陶中素烧的"泥精货"，具有天然色泽，给人以古朴淡雅之感。以各种色釉装饰的"釉子货"，观之有晶莹剔透之形，叩之能发清脆悦耳之声，装饰大方朴质而富于变化，具有浓郁的民族风格和地方特色。还包括各类日用品（蒸钵、茶具、酒具、痰盂）和鉴赏品十余种。各类鉴赏品设计灵巧、造型优美，透示出强烈的生命活力。

（五）柴烧

近年比较流行的茶具是柴烧。柴烧，指利用薪柴为燃料烧成的陶瓷制品，主要分为上釉（底釉）与不上釉（自然釉）两大类，多用于茶具和茶室器具。对发色、原料、器形、韵味等因素都有很高的要求。如日本备前烧、常滑烧等，国内各地柴烧也有兴起之势。

柴烧作品里材质以陶土居多，陶土的耐热好，通过柴烧让土能产生一种温润、沉稳、内敛之美。铁与火接触过程中气氛的微妙变化，会引发器体表面呈现更加多样的色彩。

柴烧选用的木材一般需静置约三至六个月以上，忌太潮湿，以利燃烧。以松木最佳，烧窑时，窑主通常将木头靠在窑壁上，利用窑温帮助其干燥。一般烧窑需三到五天，此期间需不眠不休轮班投柴。投柴的速度和方式、天气和气候的状况、空气的进流量等细微因素，都会影响窑内作品的色泽变化。

二、瓷器茶具

瓷器是我国古代伟大的发明，瓷器茶具产生于陶器之后，其品种很多，主要分为白瓷茶具、青瓷茶具和黑瓷茶具、青花瓷等。

（一）白瓷茶具

白瓷茶具以色白如玉而得名，以江西景德镇生产的最为著名。白瓷，早在唐代就有"假玉器"之称，有"白如玉、薄如纸、明如镜、声如磬"之誉。它坯质致密透明，成陶火度高，无吸水性，音清而韵长。因色泽洁白，能反映出茶汤本色，传热、保温性能适中，加之色彩缤纷、造型各异，堪称饮茶器皿中的珍品。早在唐代，景德镇就能生产出质量很高的茶具了。宋代，景德镇已成功地制成褐黄、天蓝、微青细条纹的青白茶具，并建有御窑。元代，景德镇的白瓷茶具已远销国外。明代，景德镇设立了专门工场，制造皇宫所需茶具，成为全国的制瓷中心。清代，特别是从康熙至乾隆年间，景德镇的珐琅、粉彩茶具，质如白玉、薄如蛋壳，达到了空前水平。如今，景德镇白瓷茶具更是不断创新。

（二）青瓷茶具

青瓷茶具主要产于浙江、四川等地。浙江龙泉青瓷，以造型古朴挺健、釉色翠青如玉著称于世，是瓷器百花园中的一枝奇葩，被人们誉为"瓷器之花"。龙泉青瓷产于浙江西南部龙泉市内，是我国历史上瓷器重要产地之一。南宋时，龙泉已成为全国最大的窑业中心。其优良产品不但在民间广为流传，也是当时皇朝对外贸易交换的主要物品。特别是艺人章生一、章生二兄弟俩的"哥窑""弟窑"产品，无论釉色或造型，都达到了极高的造诣。因此，哥窑被列为"五大名窑"之一，弟窑被誉为"名窑之巨擘"。

哥窑瓷，以"胎薄质坚、釉层饱满、色泽静穆"著称，有粉青、翠青、灰青、蟹壳青等，其中以粉青最为名贵。釉面显现纹片，纹片形状多样，纹片大小相间的称"文武片"，有细眼似的叫"鱼子纹"，类似冰裂状的称"北极碎"，还有"蟹爪纹""鳝血纹""牛毛纹"等。这些别具风格的纹样图饰，是釉原料的收缩系数不同而产生的，给人以"碎纹"之美感。

弟窑瓷，以"造型优美、胎骨厚实、釉色青翠、光润纯洁"著称，有梅子青、粉青、豆青、蟹壳青等，其中以粉青、梅子青为最佳。滋润的粉青酷似美玉，晶莹的梅子青宛如翡翠。其釉色之美，至今世上无类。

（三）黑瓷茶具

黑瓷茶具产于浙江、四川、福建等地。宋代斗茶之风盛行，斗茶者们根据经验，认为黑瓷茶盏用来斗茶最为适宜，因而驰名。据北宋蔡襄《茶录》记载："茶色白（茶汤色），宜黑盏，建安（今福建）所造者绀黑，纹如兔毫，其坯微厚，燲之久热难冷，最为要用。出他处者，或薄或色紫，皆不及也。其青白盏，斗试家自不用。"四川的广元窑烧制的黑瓷茶盏，其造型、瓷质、釉色和兔毫纹与建瓷也不相上下。浙江余姚、德清一带也生产过漆黑光亮、美观实用的黑釉瓷茶具，其中最流行的是一种鸡头壶，即茶壶的嘴呈鸡头状，日本东京国立博物馆至今还珍藏着一件"天鸡壶"，视作珍宝。在古代，由于黑瓷兔毫茶盏古朴雅致、风格独特，而且瓷质厚重、保温性较好，因此常为斗茶行家所珍爱。

（四）青花瓷

直到元代中后期，青花瓷茶具才开始成批生产，景德镇成了我国青花瓷茶具的主要产地。由于青花瓷茶具绘画工艺水平较高，且将中国传统绘画技法运用在瓷器上，因此这也可以说是元代绘画的一大成就。明代，景德镇生产的青花瓷茶具品种越来越多，到了清代，特别是康熙、雍正、乾隆时期，所烧制的青花瓷器具，更是可以称为"清代之最"。

三、玻璃茶具

玻璃茶具素以它的质地透明、光泽夺目、外形可塑性大、形态各异、品茶饮酒兼用而受人青睐。玻璃茶杯（或玻璃茶壶）泡茶，尤其是冲泡各类名优茶，可以一目了然地看到茶汤的色泽鲜艳，叶芽朵朵在冲泡过程中上下浮动，叶片逐渐舒展亭亭玉立等，可以说是一种动态的艺术欣赏，别有风趣。一般玻璃茶具价廉物美，最受消费者的欢迎。其缺点是玻璃易碎，比陶瓷烫手。当前市场流行日式垂纹玻璃茶具，系采用高硼硅玻璃手工吹制而成。产品成型均匀优雅，玻璃体表光滑细腻，整体造型美观雅致、晶莹剔透，宛若天成。属于观赏性和实用性较好的新型玻璃茶具。

四、金属茶具

金属茶具是用金、银、铜、锡制作的茶具，古已有之。尤其是用锡做的贮茶的茶器，具有很大的优越性。锡罐贮茶器多制成小口长颈，盖为圆筒状，比较密封，因此防潮、防氧化、避光、防异味性能都好。至于金属作为饮茶用具，在唐代宫廷中曾采用。1987年5月，我国陕西省扶风县皇家佛教寺院法门寺的地宫中，发掘出大批唐代宫廷文物，其中有一套晚唐僖宗皇帝李儇少年时使用的银质鎏金烹茶用具，计11种12件。这是迄今见到的最高级的古茶具实物，堪称国宝，它反映了唐代皇室饮茶器具的奢华。

当代金属茶具主要用于烧水器具。如用生铁铸造而成的铁壶，因其保温好，适用于需要高温冲泡的茶类。使用铁壶煮水能够释放出二价铁离子，使水口感厚实、饱满顺滑，有利于孕育口感更好的茶汤。此外还有手工打制的银壶，因其外形玲珑精巧、烧水升温快、对水质有一定的净化作用而受到追捧。

此外，历史上的漆器茶具因制作精巧、耐用受到人们喜爱。现实生活中物美价廉的竹木茶具被广泛使用。另外，用玉石、水晶、玛瑙等珍贵的天然材料制作的茶具，因器材制作困难、价格昂贵、实用价值低，主要是作为工艺品供人观赏。

第三节　泡茶用水的分类及选择标准

古人说："水为茶之母，器为茶之父"，可见水对于茶的重要作用。古人对水的品格一直十分推崇。历代茶人于取水一事颇多讲究。有人取"初雪之水""朝露之水""清风细雨之中的无根之水"；有人则于梅林中取花瓣上的积雪，化水后以罐储之，深埋于地下用以来年烹茶。

烹茶用水，古人把它当作专门的学问来研究。明人许次纾在《茶疏》中说："精茗蕴香，借水而发，无水不可与论茶也。"张大复在《梅花草堂笔谈》中讲得更为透彻："茶性必发于水，八分之茶，遇十分水，茶亦十分矣；八分之水，试十分之茶，茶只八分耳。"可见水质直接影响到茶质，泡茶水质的好坏影响到茶的色、香、味的优劣。古人认为，只有精茶与真水的融合，才是至高的享受，是最高的饮茶境界。

一、水的理化安全指标

古人对泡茶用水的选择，一是甘而洁，二是活而鲜，三是贮水得法。目前，我国对饮用水的水质提出了以下科学的标准。

（1）感官指标：色度不超过 15 度，浑浊度不超过 5 度，不得有异味、臭味，不得含有肉眼可见物。

（2）化学指标：pH 值 6.5~8.5，总硬度不高于 25 度，铁不超过 0.3mg/L，锰不超过 0.1mg/L，铜不超过 1.0mg/L，锌不超过 1.0mg/L，挥发酚类不超过 0.002mg/L，阴离子合成洗涤剂不超过 0.3mg/L。

（3）毒理指标：氟化物不超过 1.0mg/L，适宜浓度 0.5~1.0 mg/L，氰化物不超过 0.05mg/L，砷不超过 0.05mg/L，镉不超过 0.01mg/L，铬（六价）不超过 0.05mg/L，铅不超过 0.05mg/L。

（4）细菌指标：细菌总数不超过 100 个 / 毫升，大肠菌群不超过 3 个 / 升。

以上四个指标，主要是从饮用水最基本的安全和卫生方面考虑，作为泡茶用水，还应考虑各种饮用水内所含的物质成分。

我们使用的水质可以分为硬水和软水，水的硬度（也叫矿化度）是指溶解在水中的钙盐与镁盐含量的多少。含量多的硬度大，反之则小。我们把钙镁离子含量高于 8mg/L 的水称为硬水，钙镁离子含量低于 8mg/L 的水称为软水。泡茶用水以软水为宜。井水、河水多属于硬水，但经煮沸后则成为软水，所以现代泡茶用水的选择还是相当丰富的。

二、泡茶用水的选择

（一）山泉水

在地水类中，茶人们最钟爱的是泉水。陆羽《茶经》："其水，山水上、江水中、井水下。"这是因为泉水比较清爽、杂质少、透明度高、污染少，水质最好。但是我们要注意，由于水源和流经区域不同，其溶解物、含盐量与硬度等均有差异，因此并不是所有泉水都是优质的，甚至有的泉水已经失去饮用价值。

（二）江水、河水、湖水

江、河、湖水属地表水，含杂质较多，浑浊度较高，一般来说，沏茶难以取得较好的效果，但在远离人烟，又是植被生长繁茂之地的江、河、湖水，污染物较少，这样仍不失为沏茶好水。如浙江桐庐的富春江水、淳安的千岛湖水、绍兴的鉴湖水就是例证。唐代陆羽在《茶经》中说："其江水，取去人远者"，说的就是这个意思。唐代白居易在诗中说："蜀茶寄到但惊新，渭水煎来始觉珍"，认为渭水煎茶很好。唐代李群玉曰："吴瓯湘水绿花新"，说湘水煎茶也不差。明代许次纾在《茶疏》中更进一步说："黄河之水，来自天上。浊者土色也，澄之即净，香味自发。"言即使浊混的黄河水，只要经澄清处理，同样也能使茶汤香高味醇。

（三）雨水、雪水

古人称雨水、雪水为"天泉""天崇""无根之水"，立春的雨水得到自然界春始生发万物之气，用于煎茶可补脾益气；梅雨是湿热气被熏蒸后酿成的霡雨，用于煎茶可涤清肠胃的积垢，可增进饮食，精神爽朗；立冬后十日叫入液，到小雪时叫出液，这段时间所下的雨叫液雨，也叫药雨，用于煎茶能消除胸腹胀闷。白居易的"扫雪煎香茗"，谢宗可的"夜扫寒英煮绿尘"，都是赞美用雪水泡茶的，而《红楼梦》中妙玉请宝钗、黛玉、宝玉喝茶，所用之水是妙玉"五年前在玄墓蟠香寺收的梅花上的雪……埋在地下，今年夏天才开了"的，曹雪芹可谓是把饮茶用水写到极致了，这样喝茶不仅关乎格调，还是极度奢华的。可惜，现在因空气污染严重，雨水、雪水不再适合饮用。

（四）自来水

自来水是最常见的生活饮用水，其水源一般来自江、河、湖泊，是属于加工处理后的天然水，为暂时硬水。因其含有用来消毒的氯气等，在水管中滞留较久的，还含有较多的铁质。当水中的铁离子含量超过万分之五时，会使茶汤呈褐色，而氯化物与茶中的多酚类作用，又会使茶汤表面形成一层"锈油"，喝起来有苦涩味。所以用自来水沏茶，可以用以下方法处理：

（1）过滤法。购置理想的滤水器，将自来水经过过滤后，再来冲泡。

（2）澄清法。将水先盛在陶缸或无异味、干净的容器中，经过一昼夜的澄净和挥发，便可泡茶。

（3）煮沸法。用自来水泡茶必须煮开，让水中的氯气味挥发殆尽，保留无异味水用于泡茶。

（五）矿泉水

我国对饮用天然矿泉水的定义是：从地下深处自然涌出的或经人工开发的、未受污染的地下矿泉水，含有一定量的矿物盐、微量元素或二氧化碳气体，在通常情况下，其化学成分、流量、水温等动态指标在天然波动范围内相对稳定。矿泉水与纯净水相比，矿泉水含有丰富的锂、锶、锌、溴、碘、硒和偏硅酸等多种微量元素，饮用矿泉水有助于人体对这些微量元素的摄入，并调节肌体的酸碱平衡。但饮用矿泉水应因人而异。由于矿泉水的产地不同，其所含微量元素和矿物质成分也不同，不少矿泉水含有较多的钙、镁、钠等金属离子，是永久性硬水，虽然水中含有丰富的营养物质，但用于泡茶效果并不佳。目前，市场上所用的桶装矿泉水因矿物质的增加，并不适合泡茶，但如注明水的 pH 值在 7.2 以下的，水质较甘滑，也易于茶性的发挥。

（六）纯净水、蒸馏水

净化水是通过净化器对自来水进行二次终端过滤处理制得的，净化原理和处理工艺一般包括粗滤、活性炭吸附和薄膜过滤三级系统，能有效地清除自来水管网中的红虫、铁锈、悬浮物等机械成分，降低浊度，达到国家饮用水卫生标准。但是，净水器中的粗滤装置要经常清洗，活性炭也要经常换新，时间一久，净水器内胆易堆积污物、繁殖细菌，形成二次污染。净化水易取得，是经济实惠的优质饮用水，用净化水泡茶，其茶汤品质是相当不错的。

蒸馏水是通过特定蒸馏设备使水汽化，再经冷凝液化收集制得的饮用水。这类水水质纯正，但会使茶中有益的矿物质流失掉，因而泡茶缺乏活性。

三、名水名泉

自古以来就有"名水名泉衬名茶"之说，杭州有"龙井茶，虎跑水"，俗称杭州双绝；"蒙山顶上茶，扬子江心水"，闻名遐迩；"狮河中心水，车云山上茶"，中原闻名。这些都是"名水名泉衬名茶"之佐证。

由于对泡茶用水的看法和着重点不同，历代茶人对名水名泉的评价也不同，我国泉水资源极为丰富，比较著名的就有百余处之多。其中镇江金山寺中冷泉、无锡惠山寺石泉水、杭州龙井泉、杭州虎跑泉和济南趵突泉被称为当今中国的五大名泉。

（一）镇江金山岭中冷泉

镇江中冷泉被称为扬子江心第一泉。中冷泉即扬子江南零水，又名中零泉、中濡水，意为大江中心处的一股清冷的泉水。在唐以后的文献中，又多说为中冷水。古书记载，长江之水至江苏丹徒金山一带，分为三冷，有南冷、北冷、中冷之称，其中以中冷泉眼涌水最多，便以中冷泉为其统称。中冷泉位于江苏省镇江市金山寺外。唐代时，此地处于长江漩涡之中。宋代陆游游金山时留有诗句："铜瓶愁汲中濡水，不见茶山九十翁"。宋初李昉等人所编的《太平广记》一书中，就记载了李德裕曾派人到金山汲取中泠水来煎茶。到明清时，金山已成为旅游胜地，人们来这里游览，自然也要品尝一下这天下第一泉。明代陈继儒《偃曝谈余》记载，因为泉水在江心乱流夹石中，"汲者患之"，但为了满足人们的好奇心，于是寺中僧侣就"于山西北下穴一井，以给游客"。

清代的张潮亲自去过金山，并和一位姓张的道士深入江心汲中泠水而品之，后来把此番经历写成《中泠泉记》，不仅内容翔实，文笔也洒脱动人。"但觉清香一片从齿颊间沁人心胃，二三盏后，则薰风满面腋，顿觉尘襟涤尽……味兹泉，则人皆有仙气。"《中泠泉记》是一篇反映古人品茶用水实践的绝好文献。

（二）无锡惠山寺石泉水

惠山寺，在江苏无锡市西郊惠山山麓锡惠公园内。惠山，一名慧山，又名惠泉山。惠山素有"江南第一山"之誉。无锡惠山，以其名泉佳水著称于天下。

清碧甘冽的惠山寺泉水，从它开凿之初，就同茶人品泉鉴水紧密联系在一起了。据说在惠山寺二泉池开凿之前（或开凿期间），唐代茶人陆羽正在太湖之滨的长城（今浙江长兴县）顾渚山，义兴（今江苏宜兴市）唐贡山等地茶区进行访茶品泉活动，并多次赴无锡，对惠山进过考察，曾著有《惠山寺记》。

惠山泉，自从陆羽品为"天下第二泉"之后，已时越千载，盛名不衰。古往今来，这一泓清泉，受到多少帝王将相、骚客文人的青睐，无不以一品二泉之水为快。唐代张又新也曾前往惠山品评二泉之水，而在此之前，唐代品泉家刘伯刍亦曾将惠山泉评为"天下第二泉"。唐武宗会昌年间，宰相李德裕住在京城长安，喜饮二泉水竟然责令地方官吏派人用驿递方法，把几千里外的无锡泉水运去享用。宋徽宗时，亦将二泉列为贡品，按时按量送往东京汴梁。清代康熙、乾隆皇帝都曾登临惠山，品尝过二泉水。

至于历代的文人雅士，为二泉赋诗作歌者，则更是无计其数。而在咏茶品泉的诗章中，当首推北宋文学家苏轼了，他在任杭州通判时，来无锡曾作《惠山谒钱道人烹小龙团登绝顶望太湖》，诗中"独携天上小团月，来试人间第二泉"之浪漫诗句，却独具品泉妙韵，诗人似乎比喻自己已羽化成仙，身携皓月，从天外飞来，与惠山钱道人共品这连浩瀚苍穹也已闻名的人间第二泉。这真可谓是咏茶品泉辞章中之千古绝唱了。所以为历代茶人墨客称道不已，曾被改写成一些名胜之地茶亭楹联以招游客，品茗赏联，平添无限雅兴。

（三）杭州龙井泉

龙井泉，在浙江杭州市西湖西面风篁岭上，为一裸露型岩溶泉。本名龙泓，又名龙湫，是以泉名井，又以井名村。龙井村是饮誉世界的西湖龙井茶的五大产地之一。而龙泓清泉，历史悠久，相传，在三国东吴赤乌年间已发现。此泉由于大旱不涸，古人以为与大海相通，有神龙潜居，所以名其为龙井。又被人们誉为"天下第三泉"。龙井泉旁有龙井寺，建于南唐保大七年（949年）。周围还有神运石、涤心沼、一片云等景点，附近则有龙井、小沧浪、龙井试茗、鸟语泉声等石刻环列于半月形的井泉周围。

龙井泉水出自山岩中，水味甘醇，四时不绝，清如明镜，寒碧异常，如取小棍轻轻搅拨井水，水面上即呈现出一条由外向内旋动的分水线，见者无不奇。据说这是泉池中已有的泉水与新涌入的泉水间的比重和流速有差异之故，但也有认为，是龙泉水表面张力较大所致。

龙井之西是龙井村，满山茶园，盛产西湖龙井，因它具有色翠、香郁、味醇、形美之"四绝"而著称于世。古往今来，多少名人雅士都慕名前来龙井游历，饮茶品泉，留下了许多赞赏龙井泉茶的优美诗篇。

苏东坡曾以"人言山佳水亦佳，下有万古蛟龙潭"的诗句称道龙井的山泉。杭州西湖产茶，自唐代到元代，龙井泉茶日益称著。元代虞集在游龙井的诗中赞美龙井茶道："烹煎黄金芽，不取谷雨后，同来二三子，三咽不忍漱。"明代田艺衡《煮茶小品》则更高度评价龙井茶："今武林诸泉，惟龙泓入品，而茶亦惟龙泓山为最。又其上为老龙泓，寒碧倍之，其地产茶为南北绝品。"

（四）杭州虎跑泉

虎跑泉位于西湖之南，大慈山定慧禅寺内，距市区约5公里。虎跑泉是地下水流经岩石的节理和间隙汇成的裂隙泉。它从连一般酸类都不能溶解的石英砂岩中渗透、出露，水质纯净，总矿化度低，放射性稀有元素氡的含量高，是一种适于饮用、具有相当医疗保健功用的优质天然饮用矿泉水，故与龙井茶叶并称"西湖双绝"。不仅如此，虎跑泉水质纯净，表面张力特别大，向满贮泉水的碗中逐一投入硬币，只见碗中泉水高出碗口平面达三毫米却仍不外溢。

（五）济南趵突泉

济南以"泉城"而闻名，泉水之多可算是全国之最了。平均每秒就有4立方米的泉水涌出来。趵突泉水从地下石灰岩溶洞中涌出，其最大涌量达到24万立方米/日，出露标高可达26.49米。水清澈见底，水质清醇甘洌，含菌量极低，经化验，符合国家饮用水标准，可以直接饮用。"趵突腾空"为明清时济南八景之首。泉水一年四季恒定在18℃左右，严冬，水面上水气袅袅，像一层薄薄的烟雾，一边是泉池幽深，波光粼粼，一边是楼阁彩绘，雕梁画栋，构成了一幅奇妙的人间仙境，当地人称之为"云蒸雾润"。趵突泉水清澈透明，味道甘美，是十分理想的饮用水。相传乾隆皇帝下江南，出京时带的是北京玉泉水，到济南品尝了趵突泉水后，便立即改带趵突泉水，并封趵突泉为"天下第一泉"。泉在一泓方池之中，北临泺源堂，西傍观澜亭，东架来鹤桥，南有长廊围合，景致极佳。泉池中放养金鱼，大者长逾三尺。泉东侧隔来鹤桥有望鹤亭茶社，专为游人提供用趵突泉水沏的香茶。

第四节　玻璃杯、盖碗、紫砂壶泡茶的基本要领

我们冲泡茶叶使用的茶具主要是玻璃杯、盖碗和紫砂壶，以下分别介绍这三种器具的使用要领。

一、玻璃杯冲泡的基本要领

我国是绿茶生产大国，日常饮用以绿茶为主，最常使用的冲泡用具就是玻璃杯。茶叶因品种、等级等的不同，所采用的方法也不同，杯泡通常有上投法、中投法、下投法三种。

第一，上投法。上投法是先将适当水温的开水冲入茶杯的七分满后，再放入茶叶。此种方法适合极细嫩重实的上等绿茶，如洞庭碧螺春。使用上投法可以根据水温确定投茶时机，不易烫伤茶芽。投茶时茶叶坠入杯中，吸水后缓缓升起，如花朵盛开，具有一定的观赏性。

第二，中投法。中投法是先将适当水温的开水冲入茶杯的1/3后，放入适量茶叶，稍等片刻，待干茶吸收水分舒展开时，再冲水至杯的七分满。此种方法适合上等绿茶。中投法可以均匀茶汤浓度，让我们喝到可口的茶汤。

第三，下投法。下投法是先将茶叶放入杯中，再冲开水至杯的七分满。此方法适合普通绿茶、花茶、红茶、白茶、黄茶。

冲泡茶叶时，可采用回旋高冲、吊水线、凤凰三点头等方式。

（1）回旋高冲：冲水时右手持随手泡逆时针旋转一圈，然后提高随手泡，待杯中水接近七分满时降低随手泡，停止注水。

（2）吊水线：吊水线的主要目的是降低水温。冲水时右手持随手泡逆时针旋转一圈，然后提高随手泡，水线连续不断，细而长，不能时粗时细，更不能洒出杯外。待杯中水接近七分满时降低随手泡，停止注水。吊水线可以锻炼手臂的稳定性。

（3）凤凰三点头：注水时手持随手泡做三起三落之势，寓意向宾客致意，欢迎宾客的到来。冲水时右手持随手泡逆时针旋转一圈，然后提高随手泡，随即下降。如此反复三次，使杯中水量恰好七分满。难点是三次提起放下的过程水线不断，需要经常练习。

二、盖碗冲泡的基本要领

盖碗又称"三才杯"，其盖为天，其托为地，碗身为人，三才者，天、地、人。寓意三才合一，孕育香茗。泡茶多用瓷质盖碗，其质地坚硬、密度高、不吸味，适宜冲泡各种茶叶。

（1）盖碗冲泡绿茶、红茶的要领。用盖碗冲泡绿茶、红茶一般须配置公道杯和品茗杯，冲泡好的茶汤先倒入公道杯均匀茶汤，然后将公道杯中的茶汤逐一斟入品茗杯中，

用品茗杯品饮。值得注意的是，每次出汤必须将盖碗中的茶汤倒干净，防止剩余茶汤长时间浸泡茶叶导致苦涩味过强影响茶汤品质。

（2）盖碗冲泡花茶的要领。用盖碗冲泡花茶通常是人手一碗，就盖碗冲泡、盖碗品饮，方便简洁。

三、紫砂壶冲泡的基本要领

紫砂壶适宜冲泡武夷岩茶、安溪铁观音等高香类茶，也适宜冲泡普洱茶等原料相对粗老的茶叶。孕育茶香茶滋味比较好。但紫砂壶透气好、吸茶味，因此一把壶只能专门泡一种茶，否则就会串茶味，影响品饮。

（1）了解紫砂壶的容水量。冲泡前要了解紫砂壶的容水量，便于根据茶水比准备茶叶。比如乌龙茶的茶水比是1∶20，一般选择小壶冲泡，不宜使用大壶。

（2）掌握好冲泡时间。紫砂壶冲泡无法观察茶汤的颜色，也就无从了解茶汤的浓度。在符合茶水比、水温的条件下，就要注意掌握好冲泡时间。防止冲泡时间过短导致茶汤浅淡或者冲泡时间过长导致茶汤苦涩难以下咽。

（3）一般情况下，使用紫砂壶冲泡时，每次出汤必须将紫砂壶中的茶汤倒干净，防止剩余茶汤长时间浸泡茶叶导致苦涩味过强影响茶汤品质。

（4）冲泡结束，应及时清理紫砂壶中的叶底，防止忘记清理导致茶叶发霉，影响到紫砂壶的正常使用。

第五节　茶类冲泡技艺

我国的茶叶产地辽阔，茶叶品种千姿百态，品饮习俗异彩纷呈。本节主要根据国家茶艺师职业资格鉴定技能考试的要求，介绍各种茶类的冲泡要求及冲泡技巧。

一、绿茶的冲泡技巧及冲泡示例

绿茶为不发酵茶，经杀青、揉捻、干燥而制成，具有清汤绿叶的品质特点。绿茶是我国茶类中的大家族，我国所有的产茶省区都生产绿茶，又以浙江、安徽、江西、湖南、江苏、四川等省产量最多。其花色品种丰富多彩，因此绿茶的冲泡品饮形式也较为丰富，除了最常用的玻璃杯泡法外，结合茶叶的产地、个性以及嫩度、外形等基本特征还可以使用盖碗和紫砂壶等进行冲泡。

（一）冲泡技巧

绿茶的冲泡技巧如表7-1所示。

表 7-1 绿茶冲泡技巧

投茶量	水温	冲泡时间与次数	选具
茶水比 1：50~1：60	1. 高档细嫩的名优绿茶，如西湖龙井，80℃~85℃ 2. 特级碧螺春、特级都匀毛尖、特级蒙顶甘露等，70℃~75℃ 3. 云南以大叶种茶为原料生产的各类绿茶，85℃~90℃	冲泡时间：一般浸泡 2~3 分钟 冲泡次数： 1. 大多数绿茶也只能冲泡 2~3 次 2. 云南大叶种茶绿茶耐泡性较强，可冲泡 5~6 次	1. 玻璃杯。适宜外形好、汤色美、观赏性强的茶叶 2. 盖碗。可按冲泡者的要求控制茶叶每一泡的浸出速度，以更好地品尝茶汤滋味的层次 3. 紫砂壶。粗老的绿茶和极少数的绿茶品种适合用紫砂壶来冲泡，如顾渚紫笋

（二）冲泡示例

（1）备具。选择 4 只洁净无破损的玻璃杯，杯口向下置茶盘内呈直线状摆在茶盘斜对角线位置；茶盘左上方摆放茶荷；中下方置茶巾，上叠放茶荷及茶匙；右下角放水壶。

（2）备水。尽可能选用清洁的天然水，煮水至沸腾备用。

（3）布具。入座后，将水壶移到茶盘右侧桌面；将茶荷、茶匙摆放在茶盘后方左侧，茶巾盘放在茶盘后方右侧；将茶荷放到茶盘左侧上方桌面上；用双手按从右到左的顺序将茶杯翻正。

（4）温杯。依次向杯中冲入少量的水，依次双手持杯清洗杯子内壁。

（5）赏茶。双手将茶荷捧起，请客人欣赏干茶，并讲解茶叶的外形特征。

（6）置茶。用茶匙依次将茶叶拨入杯中，每杯用茶叶 2~3 克。

（7）浸润泡。以回转手法向玻璃杯内注入少量开水（水量为杯子容量的 1/4 左右），目的是使茶叶充分浸润，促使可溶物质析出。浸润泡时间约 20~60 秒，可视茶叶的紧结程度而定。

（8）摇香。左手托住茶杯杯底，右手轻握杯身基部，运用右手手腕逆时针转动茶杯，左手轻搭杯底做相应运动。此时，杯中茶叶吸水，开始散发出香气。

（9）冲泡。双手用凤凰三点头手法将开水冲入茶杯，冲泡水量控制在总容量的七成即可。

（10）奉茶。将泡好的茶依次敬给来宾。这是一个宾主融洽交流的过程，奉茶者行伸掌礼请用茶，接茶者点头微笑表示谢意，或答以伸掌礼。

（11）品饮。双手捧起茶杯，观其汤色碧绿清亮；闻其香气清如幽兰；浅啜一口，由淡淡的苦涩转化为甘甜。然后给宾客介绍其内质及品饮感受。

（12）收具、净具。每次冲泡完毕，应将所用茶器具收放原位，对茶壶、茶杯等使用过的器具逐一清洗以备使用。

二、工夫红茶的冲泡技巧及冲泡示例

工夫红茶是我国的特有红茶，也是我国的传统出口商品。我国工夫红茶品类多、产地广。按产地命名的主要有祁红、滇红、宜红、川红、湖红、闽红等。其中以福建武夷山金骏眉、安徽祁门县出产的祁红和云南省的滇红为好。

（一）冲泡技巧

工夫红茶的冲泡技巧如表 7-2 所示。

表 7-2　工夫红茶冲泡技巧

投茶量	水温	冲泡时间与次数	选具
茶水比 1∶50~1∶60	90℃左右，粗老的红茶水温可稍高，细嫩的红茶水温可稍低	冲泡时间：50秒左右 冲泡次数：一般可浸泡五次左右	1. 盖碗泡法：适宜冲泡细嫩度较好的红茶 2. 紫砂壶泡法：适宜冲泡粗老的红茶

（二）冲泡示例

以工夫红茶的盖碗泡法为例，可按照以下顺序进行冲泡。

（1）备茶。用茶则将适量的茶叶从储茶罐中取出，放到茶荷中备用。

（2）备水。将洁净的冲泡用水加温至90℃。自来水可直接将水烧开后稍等一会儿，待降温后使用。

（3）备具。主泡用具需准备一个盖碗、一个公道杯、若干个小品杯。另外，还需准备茶巾、茶道组、杯托、奉茶盘等辅助用具。

（4）入座。泡茶虽然讲技巧，但关键是心境。静心调息即排除杂念、调匀呼吸，以愉悦的心情来善待茶。

（5）温杯、洁具。用右手将盖碗的碗盖轻轻提起，搭于底托的边上，提起泡茶壶沿碗边逆时针方向注水，将盖子盖上，左边留一条缝隙，提起盖碗将水倒入公道杯中，左手将公道杯拿起，将水注入小品杯中，烫洗小品杯。

（6）赏茶。双手虎口张开，用拇指和食指卡住茶荷，手臂自然伸直，稍向外倾，自左向右轻盈舒缓地摆动手臂，让宾客观赏到茶荷中的茶叶。

（7）投茶。用茶匙将茶荷中的茶拨入盖碗。

（8）冲泡。将90℃左右的沸水，沿碗边逆时针方向注入，水量不宜太多或太少，大约冲至盖碗的8分满，太多则容易烫手，难以操作；太少则汤浓量少，也不易刮沫。

（9）刮沫。红茶中的茶皂素经热水浸泡会在茶汤表面形成白色茶沫，冲水后应提起碗盖，以碗盖边沿接触茶汤表面旋转一圈将茶沫刮掉，然后用水冲洗干净碗盖内壁。

（10）焖茶。浸泡约50秒。

（11）出汤、分茶。轻轻提起碗盖，在盖和碗之间留一条窄缝，然后将茶汤沥入公道杯，再将公道杯中的茶汤分入小品杯中。

（12）奉茶。将小品杯放在杯垫上，双手持杯垫边沿奉茶给宾客。

（13）品茶。红茶汤色红艳明亮；香气似蜜糖香，浓郁高长；滋味醇厚鲜爽。

（14）收具。将所用茶具逐一清洗后进行收纳。

三、乌龙茶（青茶）的冲泡技巧及冲泡示例

乌龙茶属半发酵茶，主产于福建、广东、台湾等省，品质各有特色。闽北乌龙，发酵程度较高，主要以武夷岩茶为代表，具有典型的地域特点，独具"岩韵"，香气滋味张扬，颇具节奏感。闽南乌龙，最著名的是铁观音，发酵程度较闽北乌龙轻，香气清幽。品饮乌龙，人们追求的是其浓烈馥郁的香气和醇醇的茶汤，故多采用紫砂壶和盖碗进行冲泡。

（一）冲泡技巧

乌龙茶的冲泡技巧如表7-3所示。

表7-3　乌龙茶冲泡技巧

投茶量	水温	冲泡时间与次数	选具
茶水比1：20 1.颗粒形乌龙，也称作球形和半球形乌龙。以铁观音为例，其投茶量为冲泡容器的4~6成 2.细长条索形乌龙，代表茶是广东乌龙中的凤凰单丛和凤凰水仙。广东乌龙条索细长而直，茶与茶之间的空隙较大，故投茶量应占到冲泡容器的8成 3.粗壮条索形乌龙，代表茶为闽北乌龙中的武夷岩茶。它介于前两者之间，条索较广东乌龙要短一些，故投茶量一般在茶具的6~8成	沸水	冲泡时间：传统工艺的铁观音及冻顶乌龙的首泡都可在1分钟左右，若是发酵较轻的颗粒型乌龙的话，首泡时间就要大大缩短，大概20秒左右就可以了 冲泡次数：一般可浸泡七次左右	1.以潮汕茶为代表的乌龙茶冲泡常用茶具为"茶室四宝"，即玉书碨、潮汕炉、孟臣罐、若琛瓯 2.台式泡法：紫砂壶、公道杯、品茗杯、闻香杯

（二）冲泡示例

武夷茶艺的程序有二十七道，合三九之道。二十七道茶艺如下：

恭请上座——客在上位，主人或侍茶者沏茶、把壶斟茶待客。

焚香静气——焚点檀香，造就幽静、平和的气氛。

丝竹和鸣——轻播古典民乐，使品茶者进入品茶的精神境界。

叶嘉酬宾——出示武夷岩茶让客人观赏。"叶嘉"即宋苏东坡用拟人笔法称呼武夷茶之名，意为茶叶嘉美。

活煮山泉——泡茶用山溪泉水为上，用活火煮到初沸为宜。

孟臣沐霖——烫洗茶壶。孟臣是明代紫砂壶制作家，后人把名茶壶喻为孟臣。

乌龙入宫——把乌龙茶放入紫砂壶内。

悬壶高冲——把盛开水的长嘴壶提高冲水，高冲可使茶叶翻动。

春风拂面——用壶盖轻轻刮去表面白泡沫，使茶叶清新洁净。

重洗仙颜——用开水浇淋茶壶，既洗净壶外表，又提高壶温。"重洗仙颜"为武夷山一石刻。

若琛出浴——烫洗茶杯。若琛为清初人，以善制茶杯而出名，后人把名贵茶杯喻为若琛。

玉液回壶——把已泡出的茶水倒出，又转倒入壶，使茶水更为均匀。

关公巡城——依次来回往各杯斟茶水。

韩信点兵——壶中茶水剩下少许时，则往各杯点斟茶水。

三龙护鼎——用拇指、食指扶杯，中指顶杯，此法既稳当又雅观。

鉴赏三色——认真观看茶水在杯里的上、中、下的 3 种颜色。

喜闻幽香——嗅闻岩茶的香味。

初品奇茗——观色、闻香后，开始品茶味。

再斟兰芷——斟第二道茶，"兰芷"泛指岩茶。宋范仲淹诗有"斗茶香兮薄兰芷"之句。

品啜甘露——细致地品尝岩茶，"甘露"指岩茶。

三斟石乳——斟三道茶。"石乳"为元代岩茶之名。

领略岩韵——慢慢地领悟岩茶的韵味。

敬献茶点——奉上品茶之点心，一般以咸味为佳，因其不易掩盖茶味。

自斟自饮——任客人自斟自饮，尝用茶点，进一步领略品茗的情趣。

欣赏歌舞——茶歌舞大多取材于武夷茶民的活动。三五朋友品茶则吟诗唱和。

游龙戏水——选一条索紧致的干茶放入杯中，斟满茶水，恍若乌龙在戏水。

尽杯谢茶——起身喝尽杯中之茶，以谢山人栽制佳茗的恩典。

武夷茶艺中便于表演的为18道，即焚香静气、叶嘉酬宾、活煮山泉、孟臣沐霖、乌龙入宫、悬壶高冲、春风拂面、重洗仙颜、若琛出浴、玉液回壶、关公巡城、韩信点兵、三龙护鼎、鉴赏三色、喜闻幽香、初品奇茗、游龙戏水、尽杯谢茶。

四、黄茶的冲泡技巧及冲泡示例

黄茶属轻发酵茶，基本工艺近似绿茶，但在制茶过程中加以闷黄，因此具有黄汤、黄叶的特点。黄茶的制造历史悠久，有不少名茶都属此类，如君山银针、蒙顶黄芽、北港毛尖、霍山黄芽、温州黄汤等。

（一）冲泡技巧

黄茶的冲泡技巧如表 7-4 所示。

表 7-4　黄茶冲泡技巧

投茶量	水温	冲泡时间与次数	选具
茶水比 1：50~1：60	75 ℃左右	冲泡时间：一般浸泡 2 分钟 冲泡次数：2~3 次	玻璃杯

（二）冲泡示例

以君山银针泡法为例进行说明。

（1）备茶。准备好冲泡用的茶叶。

（2）备水。将水烧开后凉至所需温度。

（3）备具。准备 3 只洁净的玻璃杯，并摆放好。

（4）行礼。行 90° 真礼，表示对宾客的尊敬。

（5）入座调息。冲泡时，一般采用浅坐的坐姿，坐凳子的 1/2 或 1/3，腰身挺直，这样显得精神饱满。入座前，需要注意椅凳的高度与桌子的比例。如果坐好以后感觉太高或过矮，会导致操作不便和动作不雅。

（6）赏茶。茶叶沏泡之前，先请客人欣赏待泡茶叶的形状、颜色，干闻香气等。主客边看边交谈赏茶印象。

（7）温杯、洁具。温洗稍高的玻璃杯时可采用滚动法。冲水后，双手捧起杯子，左手自然伸开，掌心向上，托住杯身。右手指捏住杯子下部，掌心对杯底，然后以右手手指转动杯子，使杯中的水从转动的杯子边沿缓缓流出，从而起到温洗杯子内壁的作用。

（8）投茶。将称好的一定数量的干茶置入茶杯或茶壶，以备冲泡。

（9）润茶。让茶叶浸润舒展开来，以利于茶汁的浸出。

（10）冲泡。若水刚刚烧开，采用吊水线的冲水法冲泡，以免水温过高而烫伤茶芽；若水温已凉至泡茶所需温度，可采用凤凰三点头的冲水法冲泡，一来表示对宾客的尊敬，二来可使茶芽在杯中翻滚，使茶汤浓度上下一致。俗话说："酒满敬人，茶满欺人"，冲水至七分满便可。

（11）奉茶。双手捧起茶杯，一手握杯子七分处，一手托杯子底部，缓缓将茶奉于宾客面前。

（12）品饮。品饮君山银针，且不说品尝其滋味以饱口福，仅观赏一番，也足以引人入胜，神清气爽。透过玻璃杯，可以看到初始芽尖朝上，蒂头下垂而悬浮于水面，随后缓缓降落，竖立于杯底，忽升忽降，蔚成，最多可达 3 次，故有"三起三落"之称。最后竖立于杯底，如刀枪林立，似群笋破土，芽光水色浑然一体，堆绿叠翠，妙趣横生。

（13）收具。收具要及时，过程要有序，清洗要干净，不能留有茶渍。特别注意的是茶具不仅要清洗得干干净净，还要及时对其进行消毒处理。

五、白茶的冲泡技巧及冲泡示例

白茶属轻发酵茶，基本工艺是萎凋、干燥。其品质特点是干茶外表满披白色茸毛，色白隐绿，汤色浅淡，味甘醇。白茶是我国的特产，主要产于福建省，品种有银针白毫、白牡丹、贡眉（寿眉）等。冲泡方法与绿茶类似，可用晶莹剔透的玻璃杯冲泡，也可用盖碗来冲泡。

（一）冲泡技巧

白茶的冲泡技巧如表7-5所示。

表7-5 白茶冲泡技巧

投茶量	水温	冲泡时间与次数	选具
茶水比1：50~1：60	80 ℃左右	冲泡时间：一般浸泡2~3分钟 冲泡次数：5~6次	1. 玻璃杯。适宜冲泡白毫银针等细嫩白茶 2. 盖碗。适宜冲泡白牡丹等白茶

（二）冲泡示例

以白牡丹的泡法为例进行说明。

（1）备茶。用茶荷准备冲泡所用的白牡丹，因白茶不经揉捻，茶叶较松散，故装茶的茶荷最好选口较大的为好，以便于投茶。

（2）备水。将水烧至所需温度。

（3）备具。选用盖碗为主泡用具来冲泡白牡丹，其他用具还有公道杯、品茗杯、杯托、茶巾、茶道组等。

（4）行礼。行礼时，双手虎口相握，掌心向下，放于丹田，身体慢慢弯下至90°，再慢慢起来。

（5）入座调息。坐下后，不要马上埋头泡茶，调整一下呼吸，静下心，面带微笑，目视宾客，表示对宾客的尊敬。

（6）赏茶。捧起茶荷从左到右依次给宾客鉴赏干茶。

（7）温杯、洁具。用沸水对茶具进行冲淋和清洗。

（8）投茶。白茶条索较松散，投茶时可边拨边往上推茶，以免茶叶撒落于盖碗外面。

（9）冲泡。用85 ℃左右的水温冲入盖碗中，茶会浮在上面，用盖子将茶轻轻按下，使茶与水接触，然后盖上盖子，浸泡约1分钟左右。

（10）奉茶。奉茶时，应尊崇传统美德，先奉给年长者。

（11）品饮。在炎热的夏天，静静地品一杯白牡丹，观其茶汤，杏黄明亮；闻其香气，既有绿茶的清馨，又有略带红茶的甜美，令人神清气爽；啜上一口，更是鲜醇甘甜，回味无穷。

（12）收具。及时清洗、收纳茶具。

六、普洱茶的冲泡技巧及冲泡示例

随着人们对普洱茶的日渐钟爱，关于它的冲泡方法也成为人们经常讨论的话题。其实普洱茶并不难冲泡，因为它的冲泡和其他任何茶类一样，都离不开基本要素——择水、选具以及确定投茶量、水温和浸泡时间。但要能真正泡好，体现出各款普洱茶的真性至味来，那的确不是件易事，其原因全在于普洱茶的独特性。

（一）冲泡技巧

普洱茶的冲泡技巧如表 7-6 所示。

表 7-6　普洱茶冲泡技巧

投茶量	水温	冲泡时间与次数	选具
根据茶质嫩度、主泡用具的大小，投茶 6~10 克	沸水	冲泡时间：细嫩的茶时间短，粗老的茶时间稍长 冲泡次数：一般可浸泡 6~10 次，古树茶因其内含物丰富，可冲泡 10 次以上	1. 紫砂壶泡法：因其特有的保温性、透气性、吸附性使茶汤更为醇和顺滑 2. 盖碗泡法：原汁原味，能突出茶汤之优缺点 3. 煮饮法：主要适宜老茶的饮用

（二）冲泡示例

以普洱（熟）茶散茶泡法为例进行说明。

（1）备茶。在茶荷内准备适量的普洱（熟）茶散茶。

（2）备水。将水烧开待用。

（3）备具。准备好紫砂壶、玻璃公道杯、茶道组、茶巾、水盂、奉茶盘等。

（4）行礼。行 90° 真礼，以示对宾客的尊重。

（5）入座调息。调整好身体，使身体处于放松状态。

（6）赏茶。邀请客人欣赏待泡茶叶的形状等。

（7）温杯、洁具。对茶具进行烫洗。

（8）投茶。普洱茶的投茶量一般为 6~10 克。

（9）醒茶。普洱茶洗茶时，用水量宜多一些，可起到醒茶的作用。待浸润茶叶后，将水倒出。

（10）冲泡。将沸水倒入公道杯自然静置 30 秒略降温后再进行冲泡，冲泡时间不宜太长，以避免苦涩味出现。

（11）分茶。将茶汤倒入玻璃公道杯。

（12）观赏茶汤。双手端起公道杯，观赏茶汤的色泽和净度。

（13）奉茶。将泡好的茶依次敬给来宾。

（14）品饮。茶汤入口，稍停片刻，细细感受普洱茶的顺柔和陈韵。

（15）收具。及时清洗和收纳茶具。

七、花茶的冲泡技巧及冲泡示例

花茶（主要为茉莉花茶）是我国生产量较大的再加工茶，饮用人群遍及各地，尤以北方地区为多。南方的四川和重庆也普遍喜欢饮用花茶。北方喜欢用白瓷盖杯冲泡，南方喜欢用盖碗冲泡后直接品饮。

（一）冲泡技巧

茉莉花茶的冲泡技巧如表 7-7 所示。

表 7-7　茉莉花茶冲泡技巧

投茶量	水温	冲泡时间与次数	选具
茶水比 1：50~1：60	80℃左右	冲泡时间：一般浸泡 2~3 分钟 冲泡次数：5~6 次	用盖碗冲泡，就盖碗品饮

（二）冲泡示例

（1）备茶。在茶荷内准备适量的茉莉花茶。

（2）备水。将水烧开待用。

（3）备具。准备好盖碗（盖子均翻朝上，边上留一细缝）、茶道组、茶巾、水盂、奉茶盘等。盖碗的摆放首先要实用，不影响操作；其次是要美观。

（4）行礼。对客人行 90° 真礼，以示尊重。

（5）入座调息。入座后，调整呼吸，使身体处于放松状态。

（6）赏茶。请客人欣赏干茶的形状、颜色等。

（7）温杯、洁具。冲泡花茶一定要把盖碗的盖子温热，这样有助于花茶香气的集中。提壶将水冲到盖子上，再慢慢流到碗里。右手用茶针按住盖子一边，向下向外推，左手扶住盖扭将盖子翻过来，右手将茶针轻轻抽出。之后，提起盖碗将水直接倒入水盂。

（8）投茶。先依次将盖碗的盖揭开搭在杯托上，然后将茶叶逐一拨入碗中。

（9）浸润泡。冲入少量热水，淹没茶叶即可。

（10）摇香。左手端起杯托，右手扶住盖钮，轻轻摇动盖碗，让茶叶充分吸收水分和热气。

（11）冲水浸泡。为防止香气丧失，冲水时以左手揭开盖，右手提壶冲水。水量达到要求后立即盖上盖。

（12）奉茶。双手端杯托边沿奉茶给宾客并伸手示意，请客人喝茶。

（13）品饮。品饮花茶时，用左手持杯托端起茶碗，右手捏盖钮轻轻提起盖，凑近鼻端嗅闻茶香，享受花茶带来的自然芬芳的气息。再用盖子边沿轻轻拨动茶汤，观赏汤色，随后就可以品饮茶汤了。品饮时，男女有别。女性用左手端起盖碗，右手提起盖靠近碗口再品饮，尽显女性的优雅；男性轻移盖子，留一条缝隙，用右手提起茶碗品饮，表现男性的豪气。

（14）收具。茶具清洗后，及时进行收纳。

【本章小结】

本章共有五个方面的内容：茶叶冲泡要领，茶具的种类及特点，泡茶用水的分类及选择标准，玻璃杯、盖碗、紫砂壶泡茶的基本要领以及茶类冲泡技艺。其核心是阐述与茶叶冲泡相关的知识。在掌握基本知识的基础上，重点练习各茶类的冲泡技艺，要求做到动作连贯、操作程序正确、茶汤合乎要求。由于茶叶品种多样，各地饮茶习惯和个人品茶差异不同，对茶叶的冲泡、茶具及用水都有不同，只有多学、多了解、多实践才能提高技艺，满足不同品饮者的需求。

【知识链接】

1. 供春

又称龚春。正德嘉靖年间人，生卒不详。原为宜兴进士吴颐山的家童。吴读书于金沙寺中，供春利用侍候主人的空隙时间，学金沙寺老僧制壶。所制紫砂茶具，新颖精巧，温雅天然，质薄而坚，负有盛名。当时制成的树瘿壶，世称"供春壶"，令寺僧叹服，后以制紫砂壶为业。款式多种不一，受当时爱陶人的称颂：宜兴妙手数供春。现藏中国历史博物馆的树瘿壶，就是他所制，造型古朴，指螺纹隐现，把内及壶身有篆书"供春"二字。

2. "茶室四宝"

"茶室四宝"，指的是玉书煨、潮汕炉、孟臣罐、若琛瓯。

玉书煨，是一种用来烧水的壶。为薄瓷扁形壶，容水量约为250毫升。水沸时，盖子有响声。

潮汕炉，是一种烧水用的火炉。小巧玲珑，可以调节风量，掌握火力大小，以木炭作为燃料。

孟臣罐，是泡茶的茶壶。为宜兴紫砂壶，以小为贵。孟臣即明末清初时的制壶大师惠孟臣，其制作的小壶非常闻名，后人以"孟臣罐"来指代紫砂壶。

若琛瓯，指的是品茶杯。为白瓷翻口小杯。古代正宗的若琛茶瓯产于江西景德镇，杯底有"若琛珍藏"字样。

3. 王安石鉴水的故事

冯梦龙《警世通言》中的《王安石三难苏学士》，讲了这样一个故事：

王安石老年患有痰火之症，虽服药，却难以除根。太医院嘱饮阳羡茶，并须用长江瞿塘中峡水煎烹。苏轼被贬为黄州团练副使时，王安石曾请他到府上饮酒话别。临别时，王安石托他："倘尊眷往来之便，将瞿塘中峡水携一瓮寄与老夫，则老夫衰老之年，皆子瞻所延也。"

苏轼从四川返回时，途经瞿塘峡，其时重阳刚过，秋水奔涌，船行瞿塘，一泻千里。苏轼此时早为两岸峭壁千仞、江上沸波一线的壮丽景色所吸引，哪还记得王安石中峡取水之托！过了中峡苏轼才想起王安石的嘱托。

苏轼是位洒脱的人，心想上、中、下三峡相通，本为一江之水，有什么区别？再说，王安石又如何分辨得出？于是汲满一瓮下峡水，送到王安石家。

王安石大喜，亲以衣袖拂拭，纸封打开，又命侍儿茶灶中生火，用银铫汲水烹之。先取白定瓷碗一只，投阳羡茶一撮于内。候汤如蟹眼，急取起倾入。其茶色半晌方见。王安石眉头一攒，问苏轼道："这水——取于何处？"苏轼慌忙搪塞道："是从瞿塘中峡取来的。"王安石再看了看茶汤，厉声说道："你不必骗瞒老夫，这明明是下峡之水，岂能冒充中峡水！"苏轼大惊，急忙谢罪，并请教王安石是如何看出破绽的。

王安石说："这瞿塘峡的上峡水性太急，下峡则缓，唯有中峡之水缓急相半。太医院以为老夫这病可用阳羡茶治愈，但用上峡水煎泡水味太浓，下峡水则太淡，中峡水浓淡适中，恰到好处。但如今见茶色半晌才出，所以知道这是下峡水了。"

【教学实践】

1.根据自身条件进行茶类冲泡的基本训练，掌握冲泡的技艺。

2.选择同一款绿茶，使用不同的水（如桶装矿泉水和自来水）、不同的水温（95℃和80℃）冲泡，感受水质和水温对茶汤品质的影响。

3.查找调饮红茶的资料，自己准备相关材料，冲泡两款与季节相适宜的调饮茶。

【复习思考题】

1.泡茶三要素是指什么？以绿茶为例说明三要素的具体要求。

2.茶具有哪些种类？瓷茶具主要有哪几种？

3.泡茶用水的选择标准是什么？我国的五大名泉是指哪五处泉水？

任务八　茶艺表演设计

【学习目标】

1. 了解茶艺表演的题材。
2. 掌握茶艺表演语言和文案的编写。
3. 了解茶艺表演服饰的选择搭配。
4. 了解茶艺表演音乐的选择。
5. 掌握茶席设计。

【学习重点】

1. 了解茶艺表演包含的要素及流程。
2. 运用所学知识设计编排茶艺表演。

【案例导入】

茶艺表演是舞台表演的一种形式，固然需要背景、道具、服饰、音乐、舞蹈、灯光等元素，但主次不分则会冲淡主题。有一场茶艺表演正是出现了这样的偏差：表演者的服装是汉服，与茶席搭配协调。但是设计者想通过茶艺表演展示不同款式、季节的汉服，精心设计了一个凄美的爱情故事。结果是汉服亮丽诱人，故事凄美感人，茶艺表演者的冲泡、茶汤的色泽、香气等表演内涵则荡然无存。茶艺表演变成了一场汉服秀。

自 20 世纪 70 年代，台湾茶人提出"茶艺"概念后，茶文化事业随之兴起，各具地域特色的茶艺馆和大大小小的茶文化盛会则为茶艺表演的出现提供了平台。经过十多年的实践，茶艺表演作为茶文化精神的载体，已经发展成为非同一般表演的艺术形式，渐渐受到人们的关注。

茶艺表演是在茶艺的基础上产生的，运用选茶、辨水、选具、涤器、投茶等方法、技巧，沏泡出一壶好茶汤是整个茶艺表演的基础，学习沏泡技艺是茶艺表演的基本功。茶艺表演是通过各种茶叶冲泡技艺的形象演示，科学地、生活化地、艺术地展示泡饮过程，使人们在精心营造的优雅环境氛围中，得到美的享受和情操的熏陶。

茶艺表演与茶类的冲泡技巧应区分开来，茶艺表演在规范冲泡技能的基础上赋予其艺术性、审美性和观赏性的价值。茶艺表演设计是茶艺表演的蓝图，一个完整的茶艺表演设计需要融合多方面的知识，不断创新，最终通过艺术形式得以表达。

茶艺表演对表演者的要求更高，不仅是外在形象的要求，而且注重表演者的内在素养和对茶文化的理解，一般情况下还需要多人的配合，堪比一个综合性的艺术盛宴。

第一节　茶艺表演题材

茶艺表演的主题是其灵魂，各要素都要紧紧围绕主题展开，若某一要素脱离主题则会使作品减分。茶艺表演的题材可以联系茶品（茶树、茶叶、茶叶制品）、茶人（文人骚客、皇亲贵族、平民百姓）、茶事（传奇故事、经典故事），可以追溯过去也可以畅想未来。近年来，将茶艺表演主题与当今时事结合的案例越来越多，茶艺表演也在不断创新，但是在创新的同时应该把握茶艺表演的一些基本原则，不可牵强附会。茶艺表演题材大致有如下分类。

一、民俗茶艺表演

民俗茶艺表演取材于特定的民风、民俗、饮茶习惯，以反映民俗文化等方面为主，经过艺术的提炼与加工，以茶为主体。如"西湖茶礼""台湾乌龙茶茶艺表演""赣南擂茶""白族三道茶""青豆茶"等。

二、仿古茶艺表演

仿古茶艺表演取材于历史资料，经过艺术的提炼与加工，大致以反映历史原貌为主体。如"公刘子朱权茶道表演""唐代宫廷茶礼""韩国仿古茶艺表演"。

三、宫廷茶艺表演

宫廷茶艺是我国古代帝王为敬神祭祖或宴赐群臣进行的茶艺，以帝王权臣为主，宣扬君临天下之观念。具有场面气势庄严宏大、使用器具高贵奢华、礼仪程式严谨繁复等特点。

四、文士茶艺表演

文士茶艺是以文人雅士为主，追求"精俭清和"的精神，茶席多以书、花、香、石、文具等为摆设，注重茶之"品"。特点是文化内涵厚重，讲究品茗时的幽雅意境、精巧茶具和怡悦气氛，以体现琴诗书画之雅趣、修身养性之真趣。

五、宗教茶艺

我国佛教、道教与茶结有深厚缘分，宗教茶艺主要是反映佛教与道教的茶事活动。道家以茶求静，茶的品格蕴含道家淡泊、宁静、返璞归真的神韵；佛家以茶助禅，由茶入佛，从参悟茶理上升至参悟禅理，并形成"静省序净"的禅宗文化思想。以此为基础，形成了多种独特的宗教茶艺形式。宗教茶艺气氛庄严肃穆、礼仪特殊、茶具古朴典雅，体现出"天人合一""茶禅一味"的宗旨。目前常见的有禅茶茶艺、太极茶艺、观音茶艺和三清茶艺等。

六、其他茶艺表演

其他茶艺表演取材于特定的文化内容，经过艺术的提炼与加工，以茶为载体，以反映该特定文化内涵为主体。如创意茶艺主题的选择，编创者在考虑茶艺表演的舞台艺术与大众审美关系时，首先必须尊重茶性，把握科学的冲泡手法，其次才是创意思维的拓展。一般以道家茶道、佛家茶道、儒家文人茶道、唐代宫廷茶道为主要的茶艺题材表现形式，还有一些以传统少数民族为题材的茶艺表演形式，如傣族竹筒茶、藏族酥油茶、蒙古族奶茶、白族三道茶等。

第二节　茶艺表演语言和文案的编写

一、茶艺表演语言

语言是一门博大精深的艺术，贯穿茶艺表演始终，茶艺表演过程中，要求语言精练并具有美感，解说词紧扣主题，与茶艺表演的各个环节相呼应，既要求有艺术性还要求连贯性。

茶艺解说词是茶艺表演语言表达的关键，是茶艺表演中对茶艺主题或茶艺表演诉求目标最具表现力的要素。茶艺解说词不但可以很好地把整个茶艺表演的内容串联衔接起来，而且还承担着把茶艺功能目标、主题思想跟茶艺操作起来过程很好地融合起来的功能。

解说词的内容应是对茶艺表演的文化背景、茶叶特点、人物等进行的简单介绍，应能够使人明白此次表演的主题和内容。解说词语言具有艺术性，茶艺解说词注重词语的选择、组合与加工。解说词的选择，要视不同情况而定，古风古韵的茶艺表演可选择古诗词作为主体，具有现代气息的茶艺表演可以选择现代散文形式，而民族风情的茶艺表演可以加入民族习语等。

一般来说，茶艺表演中的解说词有些来自古代文人骚客留下的诗词歌赋，有些来自文学作品，还有些是内心情感的表达，通过抒情的方式让观众身临其境，感受茶艺表演的魅力。

在茶艺表演中，解说词由解说人诉说，要求解说人使用标准的普通话，并带有适当的情感，与茶艺表演整个过程的节奏相吻合。

二、茶艺文案编写

茶艺文案的编写是茶艺表演的理论载体，讲究综合性和整体性，文案的编写流程和内容直接关系到茶艺表演的外在表现形式，整个茶艺表演围绕着文案的内容，赋予文案鲜活的生命力。文案作为一个指导性的纲领，要素之间不是相互独立的，而是相互融合、彼此和谐的，一般包含以下内容：①标题；②主题阐述；③所选茶品、茶具；④背景音乐；⑤服饰选择搭配；⑥解说词与解说人；⑦结构图示（空间展示）；⑧结束语；⑨作者署名。

第三节　茶艺表演服装的选择与搭配

茶艺表演服饰是茶文化和服饰融合发展的产物。我国的茶服饰吸取了不同朝代的服饰特点，例如唐装、旗袍、汉服以及现代服饰等，这些丰富多样的服饰将茶艺与表演服饰融合在一起，传达出高洁的人文情怀。从茶艺表演服饰中，我们不能仅能够回顾历史、展望未来，而且能从茶艺表演服饰的艺术特点中看到传统文化的艺术审美价值。

茶艺表演服饰的选择和搭配通过不同的衣饰、色彩、图纹等内容来表现主题。重服色、展气质的文士茶艺在服饰上也与其相呼应，着力表现自然，颜色以清淡色为主，花纹多以突出文人高洁品质的梅、兰、竹、菊为主，以表现文人雅致的思想内涵。宫廷茶艺，重图纹、展气势，所展现的大多为唐、宋、明、清时期的王宫贵族的饮茶活动。在许多少数民族活动中，要遵循少数民族的着装习惯，明白服饰中所蕴含的深刻含义，在不同的节日穿相配的衣服。在茶艺表演中，穿戴相匹配的茶艺表演服饰是十分关键的。

表演服装的式样、款式多种多样，但应与所表演的主题相符合，服装应得体、端庄、大方，符合审美要求。服饰要根据主题来设计，主要以中国传统服饰为主，一般是旗袍或对襟衫和长裙。裙子不宜太短，不能太暴露。服饰选择方面要考虑与历史相符合，表演《仿唐宫廷茶艺》就应选用具有唐朝典型特点的服饰，《仿宋茶艺》就应选择宋代服饰，一些具有特殊意义的茶服饰也应相互辉映。如"唐代宫廷茶礼表演"，表演者的服饰应该是唐代宫廷服饰；如"白族三道茶表演"以白族的民族特色服装；"禅茶"表演则以禅衣为宜等。

服饰选择时最好还能与所泡的茶相符合，如泡的是绿茶，其特点是叶绿汤清，那就最好不要穿红色、紫色等色泽太深的服饰，最好选择白色、绿色等素雅的颜色。如杭州袁勤迹表演《龙井问茶》时身着白底镶绿边的旗袍，显得特别清新脱俗，效果极佳。

第四节　茶艺表演音乐的选择

音乐牵动茶人，促进人与茶、人与自然的交流。中国茶道要求在茶艺过程中播放的音乐应是为了促进人的自然精神的再发现、人文精神的再创造而精选的乐曲，衬托茶艺主要思想的充分展示，所选乐曲大多为我国的古典名曲，我国古典名曲幽雅美妙、韵味悠长，有一种令人回肠荡气之美。茶艺人员要依据所表演茶艺的主题、类别、季节等，选择协调一致的乐曲播放。

一、音乐选择类型

茶艺表演的背景音乐选择大致分为中国古典名曲、近代创作曲目、自然背景音律、现代流行元素音乐等。

古典名曲大多由古筝、琵琶等乐器演奏，能够更快地引导品茶之人融入茶艺之中，感受茶之香醇，享受茶艺之美，常反映自然山水之美、月景之美、思念之情等。反映山水之音的有《流水》《江流》《萧湘水云》《幽谷清风》等，反映思念之情的有《塞上曲》《阳光三叠》《怀乡行》《远方的思念》等，传芳花木之精神的有《梅花三弄》《佩兰》《雨中莲》《听松》等，似禽鸟之声态的有《海青拿天鹅》《平沙落雁》《空山鸟语》《鹧鸪飞》等。

随着茶艺表演的发展，背景音乐的选择日益多元化，近代作曲家也为茶艺表演专门创作一些音乐，这些音乐不仅主题更突出，而且也与茶艺表演的意境有着更紧密的融合。近代作曲家专门为品茶而谱写的音乐有《闲情听茶》《香飘水云间》《桂花龙井》《清香满山月》《乌龙八仙》《听壶》《一筐茶叶一筐歌》《奉茶》《幽兰》《竹乐奏》等。

为了更好地追求茶与自然的和谐统一，许多茶艺表演选择自然的背景音乐，潺潺流水声、鸟语花香声等每一种自然的声音都会让人贴近自然、身临其境。

茶艺表演中所运用的背景音乐并没有完全的模式，一些茶艺表演背景音乐中也加入了现代音乐，例如《春之声》《精忠报国》等，这些音乐有的是中国流行音乐，有的是西方著名乐曲，在不同的茶艺表演中有着不同的艺术效果。只要是能够与整个茶艺表演契合的音乐都为不错的选择。

二、不同茶类背景音乐的选择

茶艺表演所配音乐与茶艺表演的主题应该相符合，即背景音乐应当根据环境和表演形式选择。正如服装与茶艺表演主题相符合是一样的，均有助于人们对表演效果的肯定与认同。如"西湖茶礼"用江南丝竹的音乐；"禅茶"用佛教音乐；"公刘子朱权茶道"用古筝音乐等。在茶艺表演中，不同的茶类具有不同的特点和冲泡方式，需要结合不同的茶叶特点和冲泡方式选择恰当的背景音乐。

绿茶具有清新淡雅、形美味醇的特点，在进行绿茶类的茶艺表演时，就应当结合其自然属性和文化内涵，选用那些悠扬舒缓的古典音乐，在乐器上面则适合采用古筝、笛子等，以此来让观众达到天人合一的美好境界。表演者动作简捷柔美，所选择的背景音乐也应当突出其明快的节奏感。

在所有茶类茶艺表演中，乌龙茶的茶艺表演最为复杂，不仅茶艺程序复杂，而且表演性也很强。乌龙茶一般选择与之配套的紫砂紫陶茶具，在此基础上，乌龙茶平添了许多庄严、端庄大气之感，在乌龙茶茶艺表演时挑选背景音乐，就要针对其人文内涵，多采选一些相对来讲大气、沉稳并且悠远厚重的背景音乐，如《洞庭秋思》《二泉映月》等一些舒缓的背景音乐，不仅能够使品茶人更好地接受，也能更好地观看到乌龙茶的表演技艺，从中了解到乌龙茶深厚的历史底蕴，达到人与茶的完美融合。在乐器的选择上，则要多采用笙箫、二胡等乐器。

红茶是包容性很强的一类茶，因此在背景音乐的选择上应该符合大众的审美。花茶融入花的芬芳和馥郁，艺术美感更加强烈，生动活泼，自然韵味在其中，因此，在背景音乐的选择上应该清新自然，不宜选取强烈厚重的音乐。

其他茶类的背景音乐选择需因地制宜，根据自身的特色和文化底蕴进行选择。近年来民族元素的茶艺表演更是受人瞩目，如客家擂茶、藏族酥油茶、白族三道茶等。少数民族的茶艺表演形象生动地展现了当地独特的民族文化特色，具有很强的观赏性，也要求表演者在充分了解民族文化的基础上进行茶艺表演。在民族茶艺表演中，从环境到茶具、乐器，再到表演者的服饰都极具民族特色，因此，背景音乐的选择也应充分考虑到民俗特色。

第五节 茶席设计

狭义的茶席是单指从事泡茶、品饮或奉茶而设的桌椅或地面（即泡茶席）。广义的茶席是在狭义的茶席之外，包含茶席所在的房间，甚至于还包括房间外面的庭院。

茶席设计是以茶为灵魂，以茶具为主体，在特定的空间形态中，与其他艺术形式相结合，共同完成的一个有独立主题的茶道艺术的组合。茶席设计的原则是紧扣主题、实用性以及艺术性。

一、茶具组合

茶具组合是茶席设计的基础和主体，也是茶席构成因素的主体。茶具组合的基本特征是实用性和艺术性相融合。实用性决定艺术性，艺术性又服务实用性。因此，茶具组合在其质地、造型、体积、色彩、内涵等方面，应作为茶席设计的重要部分加以考虑，并使其在整个茶席布局中处于最显著的位置。

茶具一般有盖碗组合、壶盅茶具组合、竹木茶具组合、紫砂茶具组合、玻璃茶具组合等表现形式。

二、茶点茶果配置

茶点茶果的配置是衬托，在茶艺表演中不一定必须出现。通常绿茶配甜味的茶点，红茶配酸味的茶点，乌龙茶配坚果类。配置的特点一般为量少、体积小、制作精细、样式清雅等。茶点茶果选择要根据茶品、季节、节日、对象而定，且不能超出主题范围。盛装器的选择也要依据质地、形状、色彩而定，一般的选择原则是小巧、精致、清雅。茶点茶果的摆置一般在茶席的前边位或者前中位。

三、茶席形式设计

茶席是一个特殊的空间，是由一定的平面构成、立体构成、色彩等可以直接被观赏者感知的物质属性构成的整体，其形式是构成因素自身及相互间的结构关系的外在表现。茶席形式设计应与茶席的内涵相呼应。

（一）茶席平面设计

茶席平面是由点、线、面基本元素构成的整体。

"点"在茶席中表现了构成因素的位置特征，通过对其大小数量、位置的把握来创造富于变化的平面效果。具体到构成因素个体上，就是在择配时要注意颜色、造型、纹饰三个方面的协调，塑造茶席独特而又鲜明的风格。

茶席的"线"是空间和实体之间的连接处，具体有轮廓线、铺垫线、空间边界线、装饰线等。轮廓线有使视野集中和延伸的作用，在茶席设计中，轮廓分明使得观赏者一部分视线集中，另一部分在开放的茶席设计中得到延伸。

茶席中"面"的设计是最广泛的。依据各个构成因素的空间位置和距离关系，茶席平面可以分为满铺型、主体居中型、分割型等。满铺型，以构成因素的摆置来设计造型并充满茶席平面，形成大方、丰满、舒展的视觉效果。满铺型茶席需要遵循一定的秩序去避免产生杂乱无章的观感。主体居中型，通常以铺垫或茶席空间的几何中心为核心，其他构成因素围绕这个核心来布局并相互关联，追求对称美、均衡美。主体居中型茶席要从观赏者的视角，处理好各构成因素主次间的大小、远近、高低的关系。分割型，通过茶席块面的分割达成茶席的功能分块，有形式严谨的等形分割、比例协调的等量分割和灵活自在的自由分割三种形式。这种构成方式既能保持画面的丰富多彩，又使人感到舒适稳定、和谐自然。

茶席的平面有重复、渐变、特异三种构成方式。重复构成式的茶席有着整齐划一、简洁明了的特征,有很强的节奏感、秩序感,有一定的艺术感染力和视觉张力。渐变构成式的茶席主要是构成因素的形状、大小、色彩、明暗、虚实、方向上的渐变排列,整体效果更加柔和。特异构成式的茶席是一种在较有规律的形态中进行小部分的变异,突破固有的、规范的、单调的构成方式,产生与众不同的视觉效果,注重整体和局部的和谐。

（二）茶席色彩搭配设计

在形式设计中,为使色彩能够很好地与周围环境结合、契合茶席功能、体现茶席主题,应将色彩的功能作为其构成设计的首要考虑因素,这主要包括两个方面:一方面,通过其色相、明度、纯度、对比度等的配置来塑造、表现和美化形象,实现对眼睛的刺激作用;另一方面,通过其明度、彩度、冷暖等的调和来表现内容、感情并营造气氛,实现对观赏者心理、情感的影响。

（三）茶席空间设计

茶席空间设计要把握空间布局的平衡,包括茶席空间各个局部之间、局部空间与整体空间、实体空间与虚体空间之间的平衡,从部分平衡着手达到整体平衡,构造一个简洁、明朗而又有条不紊的立体形态。对结构中心或要着重突出的空间做重点、特殊处理。在茶席中这个中心或空间主要是指泡茶空间,对它的重点处理是茶席形式设计的一个重要环节。茶席空间至少包括冲泡和品饮两部分,两部分的过渡十分重要,视觉效果和实用性都要兼顾。

四、铺垫

茶席设计的铺垫指的是茶席整体或局部物件摆放下的铺垫物。主要有布艺类和其他质地物。其作用是既能保持器物清洁,又能借助自身的特征辅助器物共同完成茶席设计的主题。

（一）铺垫的类型

1. 棉布

棉布质地柔软,吸水性强,易裁易缝,不易毛边,视觉效果好,不易反光。适合的题材:传统题材、乡土题材。

2. 麻布

麻布分为粗麻和细麻,粗麻硬度高、柔软度差,不宜大片铺设;细麻相对柔软,而且印有纹饰,麻布古朴、大方、极富怀旧感。适合的题材:传统题材、乡村题材、民族题材。

3. 化纤

以天然的或人工合成的高分子物质为原料,经过化学或物理方法加工而制成的纤维。适合题材:现代生活和抽象题材。

4. 蜡染

仅有蓝白两色，图案具有民族特色，色彩鲜明；由于蜡染布颜色偏重，在茶席设计的器物选择上宜用暖色、淡色为佳。

5. 印花

花种类很多，有梅花、兰花、菊花、牡丹花等。适合题材：印花织品特别适合表现自然、季节、农村类题材。

6. 绸缎

茶席设计中桌铺和地铺的常用材料，桌铺上常用于叠铺，地铺则常用作水流等意境，特点是轻、薄、光质好。

（二）铺垫色彩的基本原则

单色为上，碎花为次，繁华为下，单色最能反映器物的色彩变化，碎花能点缀器物。色相是指色彩呈现的质地的面貌，明度是色彩本身的明暗度，彩度是指色彩的纯度，浓度指饱和度。

（三）铺垫的方法

平铺、对角铺、三角铺、叠铺、立体铺、帘下铺是常见的铺垫方法。平铺又称为基本铺，是茶席设计中最常见的铺垫，可以垂沿或者不垂沿，而且是叠铺的基础。对角铺是茶席铺垫中比较生动的一种方法。三角铺适合器物不多的茶席铺垫。叠铺是将书法、国画相叠铺在桌面上。立体铺是指在织品下先固定一些支撑物，然后将织品铺垫在支撑物上，以构成某种物象的效果。

五、茶席插花、焚香与挂画

茶席是为表现茶道之美或茶道精神而规划的一个场所，插花、焚香、挂画是其中的重要构成要素。

（一）茶席插花

插花是我国文人的一大爱好，早在宋代，茶人们就将"点茶、挂画、插花、焚香"称为"四艺"。茶道插花不同于一般的插花，被称为"茶室之花"或"茶会之花"。

茶道插花不仅可以雅化环境，而且可以烘托主题。茶道插花讲究色彩清素，枝条屈曲有致，瓣朵疏朗高低，花器高古、质朴，意境含蓄，诗情浓郁、风貌别具。

花材上多用折枝花材，注重线条美。常用的花材有松、柏、梅、兰、菊、竹、梧桐、芭蕉、枫、柳、桂、茶、水仙等；在色彩上多用深青、苍绿的枝条、绿叶配洁白、淡雅的黄、白、紫等花朵，形成古朴沉着的格调。

茶道插花的手法以单纯、简约和朴实为主，以平实的技法使花草安详、活跃于花器上，使花、器一体，达到应情适意、诚挚感人的目的。花器一般以竹、木、草编、藤编、陶、瓷、紫砂等为主。

在意境方面突出"古、静、健、淡"的特点。适合茶艺表演的插花应该是简洁、淡雅、小巧、精致。花材选择花小而不艳、香清淡雅的花材，最好是含苞待放或花蕾初绽的花。茶艺中的插花类型通常采用瓶式插花，其次是盆式插花，而盆景式插花等用得很少。

（二）焚香

焚香是以燃烧香品散发香气，因此，在品茗焚香时所用的香品、香具是有选择性的，在焚香的过程中一般配备香炉，香炉不仅具有实用性，其本身也是一类艺术品。

配合茶叶选择香品：浓香的茶需要焚较重的香品；幽香的茶，焚较淡的香品。配合时空选择香品：春天、冬天焚较重的香品；夏秋焚较淡的香品。空间大焚较重的香品；空间小焚较淡的香品。选择香具：焚香必须有香具，而品茗焚香的香具以香炉为最佳选择。

选择焚香效果：焚香除了散发的香气，香烟也是非常重要的，不同的香品会产生不同的香烟，不同的香具也会产生不同的香烟，欣赏袅袅的香烟和香烟所带来的气氛也是一种幽思和美的享受。

茶事活动中常见香有以下几种形态：枝香、挂香、线香、环香、盘香、沉烟香等。焚香过程中应注意的问题：首先，茶席中不仅有茶品会散发出自然馨香，插花作品也会释放天然花草香，二者香气通常都十分淡雅，这种情况下就不宜选用与它们相冲突的香料，要尽量使焚香与茶香、花香达到和谐统一的境界，在相互融合中又相互促进。其次，香器摆放的位置也有讲究，为避免焚香之味将茶香冲淡，常把香器置于茶席侧面、气流下行之处，使得茶香与熏香之气分段呈现，在融合之前亦有所区分。最后，香器主要承担着焚熏香料的作用，不宜放在显眼的位置，更不可遮挡茶席动态演示中所用器物，甚至演示者的动作。

（三）挂画

挂画，也称为挂轴，这是茶席布置时很重要的内容。在屏风上悬挂与茶艺与主题有关的字画，也可悬挂点明主题的茶联，但要含蓄，不宜直露，更不宜有太强的政治色彩，以免有说教之嫌，设色不宜过分艳丽，以免粗俗或喧宾夺主，而裱装又以轴装为上，屏装次之，框装又次之。

茶室中可以只挂一幅，也可以挂多幅。当挂多幅字画时，无论是主次搭配、色调照应，还是形式和内容的协调，都要求有较高的文学和美学价值，否则很容易画蛇添足。突出茶席主题而专门张挂的挂画要根据茶席主题的需要而不断变换。

茶圣陆羽就十分提倡将茶事写成文字挂在墙上，"绢素或四幅或大幅，分布写之，陈诸座偶"。自西汉发明造纸术以来，人们在纸上书写、绘画，到了北宋，挂轴出现。明清以后，得益于其利于大幅作品的保养、取换、收纳等特性，挂轴越来越普遍，品类也越来越多样，出现了对联、横批、扇面、屏条、中堂、单条等。日本茶席也极其重视挂画，日本茶道集大成者千利休在《南方录》中说："挂轴为茶道具中最要紧之事，主客均要靠它领悟茶道三昧之境。其中墨迹为上，仰其文句之意，念笔者、道士、祖师之德"。

第六节　茶艺表演赏析

茶情人情
武夷岩茶茶艺表演 [①]

【主题阐述】

茶道即人道，茶道最讲人间真情。武夷岩茶茶艺表演通过"母子相哺""夫妻和合""君子之交"等程序表达了母子之情、夫妻之爱和朋友之谊，给人以温馨的感受。

【所选茶叶】

武夷岩茶

【茶具选择】

木制茶盘、宜兴紫砂母子壶、龙凤变色杯、茶道组、茶巾、随手泡、酒精炉、香炉、茶荷等。

【背景音乐】

《乌龙八仙》

【表演者】

×××

【解说人】

×××

【解说词】

风景秀甲东南的武夷山是乌龙茶的故乡。宋代大文豪范仲淹曾写诗赞美武夷岩茶："年年春自东南来，建溪先暖冰微开，溪边奇茗冠天下，武夷仙人自古栽。"自古以来，武夷山人不但善于种茶、制茶，而且精于品茶。下面请欣赏武夷岩茶茶艺表演。

一、焚香静气　活煮甘泉

焚香静气，就是通过点燃这炷香，来营造祥和、肃穆、温馨的气氛。希望这沁人心脾的幽香，能使大家心旷神怡，也愿您的心会伴随着这悠悠袅袅的香烟，升华到高雅而神奇的境界。

宋代大文豪苏东坡是一个精通茶道的茶人，他曾总结泡茶的经验：活水还须活火烹。活煮甘泉，即用旺火来煮沸壶中的山泉水。

二、孔雀开屏　叶嘉酬宾

孔雀开屏，是向同伴们展示自己美丽的羽毛，我们借助孔雀开屏这道程序，向大家介绍今天泡茶所用的精美的功夫茶茶具。叶嘉是苏东坡对茶叶的美称。叶嘉酬宾，是请

---

① 选自于武夷山功夫茶茶艺十八道。

大家鉴赏乌龙茶的外观和形状。

三、大彬沐淋　乌龙入宫

大彬是明代制作紫砂壶的一代宗师，他所制作的紫砂壶被后代茶人叹为观止，视为至宝，所以后人都把名贵的紫砂壶称为大彬壶。大彬沐淋，就是用开水浇烫茶壶，其目的是洗壶并提高壶温。乌龙入宫，即把茶叶请入壶中。

四、高山流水　春风拂面

武夷茶艺冲泡技艺讲究高冲水、低斟茶。高山流水，即将开水壶提高，向紫砂壶内冲水，使壶内的茶叶随水浪翻滚，起到用开水洗润茶叶的作用。春风拂面是用壶盖轻轻地刮去茶汤表面泛起的白色泡沫，使壶内的茶汤更加清澈洁净。

五、乌龙入海　重洗仙颜

品饮武夷岩茶讲究头道汤，二道茶，三道、四道是精华。头一道冲出的茶汤我们一般不喝，直接注入茶海。因为茶汤呈琥珀色，从壶口流向茶海好像蛟龙入海，所以称之为乌龙入海。

重洗仙颜，原本是武夷九曲溪畔的一处摩崖石刻，在这里意喻为第二次冲水。第二次冲水不仅要将开水注满紫砂壶，而且在加盖后还要用开水浇淋壶的外部，这样内外加温，有利于茶香的散发。

六、母子相哺　再注甘露

冲泡武夷岩茶时要备有两把壶，一把紫砂壶专门用于泡茶，称为泡壶或母壶；另一把容积相等的壶用于储存泡好的茶汤，称之为海壶或子壶。把母壶中泡好的茶水注入子壶，称之为母子相哺。母壶中的茶水倒干净后，趁着壶热再冲开水，称之为再注甘露。

七、祥龙行雨　凤凰点头

将海壶中的茶汤快速而均匀地依次注入闻香杯，称之为祥龙行雨，取其甘霖普降的吉祥之意。

当海壶中的茶汤所剩不多时，则应将巡回快速斟茶改为点斟，手势一高一低有节奏地点斟茶水，形象地称之为凤凰点头，象征着向嘉宾们行礼致敬。

八、夫妻和合　鲤鱼翻身

闻香杯中斟满茶后，将品茗杯倒扣在闻香杯上，称之为夫妻和合，也可称为龙凤呈祥。把扣合的杯子翻转过来，称之为鲤鱼翻身。中国古代神话传说，鲤鱼跃过龙门可化龙升天而去，我们借助这道程序祝福在座的各位嘉宾家庭和睦、事业发达。

九、捧杯敬茶　众手传盅

恭敬地向右侧第一位客人行注目点头礼，并把茶传给他。客人接到茶后不能独自先品为快，应当也恭敬地向茶艺师点头致谢，并依次将茶传给下一位客人，直到传到坐得离茶艺师最远的一位客人为止，然后再从左侧同样依次传盅。通过捧杯敬茶、众手传盅，可使在座的宾主们心贴得更紧、感情更亲近、气氛更融洽。

十、鉴赏双色　喜闻高香

鉴赏双色是用左手把茶杯端稳，右手将闻香杯从边沿慢慢地提起，这时还要观察杯中的茶汤是否呈清亮艳丽的琥珀色。喜闻高香是武夷岩茶三闻中的头一闻，即闻一闻杯底留香。第一闻主要闻茶香的纯度，看是否香高辛锐无异味。

十一、三龙护鼎　初品奇茗

三龙护鼎是用拇指、食指托杯，用中指托住杯底。这样拿杯既稳当又雅观。三根手指喻为三龙，茶杯如鼎，故这样的端杯姿势称为三龙护鼎。初品奇茗是武夷山品茶三品中的头一品。茶汤入口后不要马上咽下，而是吸气，使茶汤在口腔中翻滚流动，使茶汤与舌根、舌尖、舌侧的味蕾都充分接触，以便能更精确地悟出奇妙的茶味。初品奇茗主要是品这泡茶的火功水平，看有没有老火或生青。

十二、再斟流霞　二探兰芷

再斟流霞，是指为大家斟第二道茶。范仲淹有诗云："斗茶味兮轻醍醐，斗茶香兮薄兰芷。"兰花之香是世人公认的王者之香。二探兰芷，是请大家第二次闻香，请细细地对比，看看这清幽、淡雅、甜润、悠远、捉摸不定的茶香是否比单纯的兰花之香更胜一筹。

十三、二品云腴　喉底留甘

云腴是宋代书法家黄庭坚对茶叶的美称。二品云腴即请大家品第二道茶。二品主要品茶汤的滋味，看茶汤过喉是鲜爽、甘醇，还是生涩、平淡。

十四、三斟石乳　荡气回肠

石乳是元代武夷山贡茶中的珍品，后人常用来代指武夷茶。三斟石乳，即斟第三道茶。荡气回肠，是第三次闻香。品啜武夷岩茶，闻香讲究三口气，即不仅用鼻子闻，而且可用口大口地吸入茶香，然后从鼻腔呼出，连续三次，这样可全身心感受茶香，更细腻地辨别茶叶的香型特征。茶人们称这种闻香的方法为荡气回肠。第三次闻香还在于鉴定茶香的持久性。

十五、含英咀华　领悟岩韵

含英咀华，是品第三道茶。清代大才子袁枚在品饮武夷岩茶时说品茶应含英咀华并徐徐咀嚼而体贴之。其中的英和华都是花的意思。含英咀华即在品茶时像是在嘴里含着一朵小花一样，慢慢地咀嚼，细细地玩味，只有这样才能领悟到武夷山岩茶特有的活、甘、清、香无比美妙的韵味。

十六、君子之交　水清味美

古人讲君子之交淡如水，而那淡中之味恰似在品了三道浓茶之后，再喝一口白开水。喝这口白开水千万不可急急地咽下去，应当像含英咀华一样细细玩味，直到含不住时再喝下。接着吸一口气，这时您一定会感到满口生津，回味甘甜，无比舒畅。多数人都会有此时无茶胜有茶的感觉。这道程序反映了人生的一个哲理：平平淡淡总是真。

十七、名茶探趣　游龙戏水

好的武夷岩茶七道有余香，九道仍不失茶真味。名茶探趣，是请大家自己动手泡茶，看一看壶中的茶泡到第几道还能保持茶的色、香、味。游龙戏水，是把泡后的茶叶放到清水杯中观赏，行话称为看叶底。武夷岩茶是半发酵茶，叶底三分红、七分绿。叶片的周边呈暗红色，叶片的内部呈绿色，称之为绿叶红镶边。在茶艺表演时，由于乌龙茶的叶片在清水中晃动很像龙在玩水，故名游龙戏水。

十八、宾主起立　尽杯谢茶

孙中山先生曾倡导以茶为国饮。鲁迅先生曾说，有好茶喝，会喝好茶是一种"清福"。饮茶之乐，其乐无穷。自古以来，人们视茶为健身的良药、生活的享受、修身的途径、友谊的纽带，在茶艺表演结束时，请宾主起立，同饮了杯中的茶，以相互祝福来结束这次茶艺表演。

返璞归真
西湖龙井茶艺表演

【主题阐述】

朴素的茶室空间，体现的是一种简单、真正的平静，不是避开车马喧嚣，而是在心中修篱种菊。风尘俱静，禅味悠长。这里有宁静致远的格局，有清风自来的淡泊，有返璞归真的绝俗，有身心寂静的归宿。把平淡的日子过成超然。

【茶叶选择】

西湖龙井

【茶具选择】

玻璃茶具、白瓷茶具、茶盘、茗炉、石英壶、茶荷、茶则、杯托、奉茶盘、茶匙、茶巾、茶叶罐。

【背景音乐】

《幽谷清风》

【表演者】

×××

【解说人】

×××

【解说词】

一个杯子，几片茶叶，再注入滚烫的开水。看茶叶如青螺入水般旋转下沉，茶水似流体碧玉般晶莹透亮，满屋清香，令人心醉。燃一线香、沏一壶茶，或独自细品，或与一好友对饮，从繁杂琐碎的日常生活中释放心情，你会发现一切竟如此沉静……

一、第一道：焚香除妄念

俗话说："泡茶可修身养性，品茶如品味人生。"古今品茶都讲究要平心静气，焚香除妄念，就是通过点燃这支香，来营造一个祥和肃穆的气氛。

二、第二道：冰心去凡尘

喝茶是一种心情，品茶却是一种心境。真我时刻，手执香茗，心素如简，人淡如茶。人需要一种淡然、朴实、淡名利、淡世绘、淡荣辱、淡诱惑，虽无蝶来，清香依旧。在物欲横流的滚滚红尘中，更需要一份淡泊的心境，谢绝繁华，回归简朴。

三、第三道：玉壶养太和

西湖龙井属于绿茶芽茶类，因为茶叶细嫩，若用滚烫的开水直接冲泡，会破坏茶芽中的维生素并造成熟汤失味。只宜用80℃的开水进行冲泡。"玉壶养太和"是把开水壶中的水预先倒入瓷壶中养一会儿，使水温降至80℃左右。

四、第四道：清宫迎佳人

用茶匙把茶叶投放到冰清玉洁的玻璃杯中。西湖龙井简称"龙井"，因"淡妆浓抹总相宜"西子湖和"龙泓井"圣水而得名。龙井茶产于杭州西湖龙井村四周的山区，其色泽翠绿，香气浓郁，甘醇爽口，形如雀舌，是中国十大名茶之一。苏东坡有诗云："戏作小诗君勿笑，从来佳茗似佳人。"

五、第五道：甘露润莲心

好的绿茶外观如莲心，乾隆皇帝把茶叶称为"润心莲"。"甘露润莲心"就是在开泡前先向杯中注入少许热水，起到润茶的作用。

六、第六道：凤凰三点头

用手腕的力量，使水壶下倾上提反复 3 次，连绵的水流使茶叶在杯中上下翻动，促使茶汤均匀，同时也蕴含着三鞠躬的礼仪，似吉祥的凤凰前来行礼。

七、第七道：碧玉沉清江

冲入热水后，茶先是浮在水面上，而后慢慢沉入杯底，我们称之为"碧玉沉清江"。

八、第八道：观音捧玉瓶

佛教故事中传说观音菩萨捧着一个白玉净瓶，净瓶中的甘露可消灾祛病、救苦救难。把泡好的茶敬奉给客人，我们称之为"观音捧玉瓶"，意在祝福好人一生平安。

九、第九道：春波展旗枪

这道程序是绿茶茶艺的特色程序。杯中的热水如春波荡漾，在热水的浸泡下，茶芽慢慢地舒展开来，尖尖的叶芽如枪，展开的叶片如旗。一芽一叶的称为旗枪，一芽两叶的称为"雀舌"。在品绿茶之前先观赏在清碧澄净的茶水中，千姿百态的茶芽在玻璃杯中随波晃动，好像生命的绿精灵在舞蹈，十分生动有趣。

十、第十道：慧心悟茶香

此时的茶叶已显出勃勃生机，西湖龙井特有的栗子香气已隐隐飘出。品绿茶要一看、二闻、三品味，在"春波展旗枪"之后，要闻一闻茶香，乌龙茶的茶香更加清幽淡雅，必须用心灵去感悟，才能够闻到那春天的气息以及清醇悠远、难以言传的生命之香。

十一、第十一道：淡中品至味

西湖龙井汤鲜绿、味鲜醇、香鲜爽，令人赏心悦目。在细细品啜中，你会感觉甘醇润喉，齿颊留香，回味无穷。它虽然不像红茶那样浓艳醇厚，也不像乌龙茶那样岩韵醉人，但是只要你用心去品，就一定能从淡淡的绿茶香中品出天地间至清、至醇、至真、至美的韵味来。

十二、第十二道：自斟乐无穷

品茶有三乐：一曰，独品得神。一个人面对青山绿水或高雅的茶室，通过品茗，心驰宏宇，神交自然，物我两忘，此一乐也。二曰，对品得趣。两个知心朋友相对品茗，或无须多言即心有灵犀一点通，或推心置腹述衷肠，此亦一乐也。三曰，众品得慧。孔子曰："三人行，必有我师焉"，众人相聚品茶，互相沟通，相互启迪，可以学到许多书本上学不到的知识，这同样是一大乐事。在品了头道茶后，请嘉宾自己泡茶，以便通过实践，从茶事活动中去感受修身养性，品味人生的无穷乐趣。

盛世茶情

茶莉花茶茶艺表演

【主题阐述】

茶是天涵之、地载之、人育之的灵物，国家昌盛才有茶业的发展、茶艺的兴盛。从历史上的大唐盛世到今天的国泰民安，茶艺从形成走向繁荣。盛世茶情以茶艺表演抒发对国家、民族的赞美和祝愿。

【表演形式】

人员安排：两人一组表演，解说一人。女茶艺师用盖碗统一冲泡茉莉花茶，展示女性茶艺的柔和美、花茶茶艺的韵律美。

茶席设计：两组茶席从台面看既相互独立，在表演时又连成一体。

【表演用具】

茶具：盖碗 6 只，茶道组 2 组，随手泡 2 套，茶盘 2 个，茶叶罐 2 个，赏茶荷 2 个，奉茶盘 2 个，茶巾 2 块，水盂 2 个。

茶叶：茉莉花茶。

其他：台布两张，木桌两张，凳子两张。

【背景音乐】

《高山流水》

【服装】

旗袍两套

【表演程序及解说词】

茶艺师出场、就位。茶艺是中华民族优秀传统文化的结晶，茶艺表演是展示中华民族高贵气质、优雅举止和美好追求的艺术形式。下面请欣赏盛世茶情茶艺表演。

一、音乐响起

茶是聚天地英华的灵物，春回大地的时候，茶叶在溪流声和鸟鸣声中萌发，一芽一叶，用嫩绿装点春天的景色，迎接灿烂的春光。

二、茶艺第一道：行礼（迎嘉宾）

向来宾行鞠躬礼，表示对来宾最诚挚的欢迎和谢意。

三、茶艺第二道：展示茶具（孔雀开屏）

茶盘、随手泡、茶道组、茶叶罐、赏茶荷、茶巾、主泡器具为盖碗，盖碗又称三才杯，杯盖为天，杯身为人，杯托为地，寓意天地人三才合一。

四、茶艺第三道：温杯（温杯涤器）

茶是至清至洁之物，天涵之、地载之、人育之。所以，茶叶又有草中英、瑞草魁等别称佳号。用洁净的茶具来冲泡茶叶，是为了保持茶性的自然和真实，也表示对客人的尊敬。

五、茶艺第四道：赏茶（鉴赏佳茗）

中国是世界茶叶的起源地，拥有千姿百态、形态各异的茶叶。我们冲泡的是产自四川峨眉山的优质茉莉花茶——碧潭飘雪。茶芽细嫩，香气悠长。所谓茶引花香，花益茶味。花香与茶韵交融，相得益彰。

六、茶艺第五道：置茶（学子思归）

细嫩的花茶如同片片花瓣飘落碗中，宛如各地学子汇集于学校这个温馨的家园。

七、茶艺第六道：润茶摇香（三才化露）

盖碗又称三才碗，所谓三才化育甘露美，而浸润茶叶、宜缓、宜柔、宜静，正所谓润物无声，使茶充分吸收水分和热气，孕育茶味、花香，蓄势待发。

八、茶艺第七道：冲泡（春风化雨）

表演者采用凤凰三点头的方法冲泡茶叶，是以凤凰优美的姿态向各位来宾表示敬意，优雅的动作来表现茶叶的自然美，似行云飘散，流连于青山绿水间；似流水蜿蜒，游走于山石松木上。茶的芳香随热气袅袅升起。茶艺是生活的艺术，也是人生的艺术。冲泡茶叶的过程能够让人们学会以自己创造的美来服务他人、尊重他人。

九、茶艺第八道：奉茶（瑞草酬宾）

双手将茶碗举至眉宇间，再由胸前缓缓奉茶给宾客，称为举案齐眉、相敬如宾。寓意我们发自内心的祝福已融注在香醇的茶汤之中，请宾客细细品尝。

十、茶艺第九道：品饮（啜香品茗）

品饮花茶，讲究闻香、细啜、慢咽、多回味。轻轻提起杯盖，缕缕清香沁人心脾。所谓"未尝甘露味，先闻圣妙香"。轻轻拨动茶汤，从杯和盖的缝隙间小口吸入茶汤，让茶汤在口中流转，徐徐咽下，茶味花香别有滋味，亦苦、亦醇、亦香、亦回甘。

十一、结束语

品茶如品人生，祝愿各位嘉宾在品茶的同时品味出茶中的至真、至纯、至善、至美，品味出我们的深情厚谊。

茶与清欢
普洱熟茶茶艺表演

【主题阐述】

一杯茶，你读懂它多少，它就会带给你多少感动。每一片茶叶的沉浮，都是一种缘定，不空不昧，喝下手中的这杯暖茶，水雾萦绕的清香夜，伴一曲古典乐，品的是茶，静的是心，悟的是人生，涤的是灵魂。享受当下，爱也清了，心也清了。

【所选茶叶】

普洱熟茶

【所选茶具】

紫砂壶、公道杯、品茗杯、水盂、茶巾、茶道组等。

【背景音乐】

《禅院钟声》

【表演者】

×××

【解说人】

×××

【解说词】

夜里，煮一壶茶，安静的小屋就氤氲起淡淡的香，熏染寂寞的日子。

茶叶舒展，在水中沉浮。夜色渐浓，清香弥漫。袅袅地飘散在每一个寂静的角落。像一支绵长的乐曲，在人生的四季里，起起伏伏。

叶飘浮在水中，水浸润在叶里。茶与水，宛若前世一对眷侣，共赴今生，续写一段未了的情缘。红尘之外，茶香，水澈，陪着寂寞的我，静静地观看人世浮欢，品味尘世悲苦。

岁月里总是点缀着一些分分合合的愁绪，掺杂着一些莫名的无助与伤感。所以总是感觉孤寂、感觉无助、感觉清冷。一直希望给心灵修筑一座城堡，让自己的灵魂有一个安静栖息的场所。

许多时候，因为害怕伤害，我们将心门紧闭，因为害怕孤单，我们一路笙歌。一直不知道，是不是当经历过很多的伤感之后，会变得麻木，不再害怕失去和伤害；不知道是不是经历过很多的孤单之后，会变得不再害怕寂寞和冷清。

但今夜，只有品茶，消遣寂寞。

心情沉寂在一杯清澈的茶水里，感觉光阴像被茶水浸泡一样，随意且馨香。

茶叶在水中翻舞，心绪仿佛也浸在水里。我知道，我一直在寻找一种淡然，寻找一种洒脱。万念随心而起，一念在茶，一念在心。看看自己，手捧茶杯，绝妙的沉静便与心情轻轻地相拥。茶在水中，水则清香。水在心中，心则空旷。

世间的美好不经意在这里驻足，恍然之中，心底已经泛起一丝温暖。

一次次审视自己，将心的堡垒拆除，让心沐浴在阳光下，自由飞翔。我不清楚，是不是心不再有任何设防，会收获更多坦诚。但我希望，我能用一种坦诚，去收获人生的甘甜。

那些点点滴滴的烟尘往事，在低头的刹那涌起，在凝视茶杯的刹那散去。

杯中有茶，内心便会平静，一如瓦尔登湖的清波。

岁月清寒的季节，心底升起的那份感动，或许就来源于你心灵深处的那一两片叶子。当这片叶子，走下枝头，走进你冒着热气的茶盏，她的生命，便有了深层的含义。

也许生命，就是一场翻飞在水中的等待，等待枝头一次翠绿的微笑。

也许人生，就是一段行走在旅途的驻足，一路阳光，只为一树花开。

茶暖，水静，世事沉寂。拿一本最爱的文集，在安静的世界里漫步。在丝丝缕缕茶香的浸润下，我心已淡如秋水。

寒宫依月茗
月光白茶艺表演

【主题阐述】

若是天上一天地上一年，那便是几百年前，我偷吃了后羿千辛万苦求来的仙丹，以为成为神仙的我可以得到无上的快乐，却得到了独自一人守着广寒宫，看尽人间繁华、人情冷暖的结局，难以排解的孤独感，只有跳舞可以得以纾解，今天又是中秋节，我看着人们品茶赏月，又想起了人间的岁月，于是拿出了我带上天的茶，只希望可以与人们共享庆祝中秋佳节的乐趣。

【表演者】

××

【表演准备】

茶品：月光白

茶具：盖碗

茶点：小月饼

【背景音乐】

《渡，红尘》

【茶席设计】

米白色的桌布笼着米白的轻纱似广寒宫那一成不变的清冷寂静，藕粉的桌旗则代表了内心对温暖生活的渴望，而水蓝的茶具再次映衬出了空无一人的冷寂。

【解说词】

悠悠南国，繁华散落，又是一年中秋，望碧空万里，星月争辉，水淼淼。广寒之内，唯玉兔相伴，人世间，处处笑谈言语，情深意浓，欢聚幸福。而我，只得独独轻舞，期予回眸。

迢迢牵牛星，皎皎河汉女，盈盈一水间，脉脉不得语。人们都在为一年一次的相聚而感到伤心，却无人知晓我对他们那仅一时相守的羡慕。中秋团圆，品茶赏月在人间是每年不变，"对啊，还有它……"我缓缓坐下，拿出，当年唯一带走的东西，我喜欢的茶。此时此刻，也许只有泡一盏茶，才能感受人间的温暖愉悦了。

在人间时，曾经和后羿、村民们一起度过的愉快生活，大家一起唱歌、跳舞，一起吃甜爽的野果，一起播种，一起收获。而如今，我一人在这广寒宫中，不知度过了多少孤寂岁月，本以为看尽人间沧桑的我，已会是心如止水，何曾知晓现如今的我却是更加渴望那温暖的人间真情。云母屏风烛影深，长河渐落晓星沉，若是曾经，我没有上天，此时此刻我应该是和后羿在家里过着节，彼此说不完的话，感受着甜蜜。

"秋云微淡月微羞。云黯黯、月彩难留。只应是嫦娥心里，也似人愁。几时回步玉移钩。人共月、同上南楼。却重听、画阑西角，月下轻讴。"即使成仙了，我也如常人一般会愁、会寂寞、会羡慕，会想要再次感受到人间的温情，可是，我已无法与他人一起感受中秋的快乐。

我爱这红茶的微微香气和那醇厚的滋味，我爱曾经度过的那些美好的日子。"天将今夜月，一遍洗寰瀛。暑退九霄净，秋澄万景清。星辰让光彩，风露发晶英。能变人间世，儵然是玉京。"什么样的茶才算茶，什么样的滋味才是心里的滋味。没有时光凿刻的痕迹，浮沉随意里淡水入口，宛如一体，不显于色。

心随流水惹香茗，身似闲云捕茶清。滚滚沸水冲淡一道一道的生活，慢慢发现即便多么美好或者糟糕的东西，所有的一切不过是心里的期望。有时，何必惊扰了原本的平静；有时，放纵畅怀又如何。习惯也许会麻木神经，不知不觉中却又成了最长的温暖。

杯中的茶，似照耀大地的暖阳，照进了我的心房，那微灼手的温度，透过杯壁传到了手上，体肤之感却浸透到心中。我祝福那些团圆的人们，希望他们把我本该拥有的那份幸福，一起珍惜。

滇南红
滇红茶艺表演

【主题阐述】

中国茶文化起于唐、盛于宋，绵延至今一千多年，弘扬着"和、静、怡、真"的茶道精神，是我国传统文化中一颗璀璨的明珠。滇红在西南边陲的一隅静静散发着她独有的韵味，见证历史的变迁，感受作为旁观者的清欢，滇红赋予中国红的文化形象，彰显一种红色茶文化，滇红走出国门不仅代表它自身，更代表着整个中华民族，滇红名茶是传统与现代的完美融合，是历史与实力的共同积淀，成就了世界经典健康红茶之典范。

【表演者】

××

【茶叶选择】

滇红

【所选茶具】

盖碗茶具、公道杯、品茗杯、水盂、茶巾、茶道组等。

【背景音乐】

《梅花三弄》

【解说词】

俯身行鞠礼相待，恭迎贵客入茶席，入沐竹染花散落，秋风卷落叶纷飞，情深厚意寄杯中，竹榻白盏午困醒，半掩朱颜始一拢。

鉴赏滇红：观形闻香赏佳茗，从来佳茗似佳人。

幽茗入宫：红颜入宫进三分，白璧无瑕显乾坤；青山幽谷雾缭绕，满批晨露展新芽。

温润幽茗：温润佳茗，有助于茶叶舒展、香气散发。

凤凰就寝：采用凤凰三点头，可让茶叶充分浸润，利于色、香、味的充分发挥。待到园里眼生花，雪檀清帘百枝华；雨后花园催神怡，赏花赏茶吟诗篇。

幽茗出宫：落雪飞芳树，幽红雨淡霞，薄月迷香雾，流风舞艳花。

展呈玉露：茶斟七分满，留下三分是情谊，远闻其香出何处，芙蓉故里秀红妆。我国乃礼仪之邦，自古儒家与茶一直存在着密切的关系，茶礼文化以德为中心，敬重修生养德，有利于人的心态平衡。

敬奉琼浆："饮茶之乐，在于随心"，人们视茶为健身的良药、生活的享受、友谊的纽带。更能够怡情养性，浸润之间使人陶冶身心，达到一种超脱俗世的精神境界。

凭缘喜纳八方客，杯影妖娆十里香，乘兴偏移听雅调，举杯合饮此番情。

【本章小结】

　　茶艺自形成之日起就与表演艺术密切相关，使饮茶不仅仅是满足生理需求的简单行为，更是陶冶情操、提升审美能力的精神追求。本章就茶艺表演、茶艺表演所涉及的诸多艺术领域和艺术元素以及茶席设计进行专门论述，意在给初学者提供有关茶艺表演的理论启示和实践范本。书中所提供的赏析案例为在校学生参加高级茶艺师鉴定或茶艺课程结束时所做的茶艺表演设计，其中不乏稚嫩之处，但对于初学者来说，也是难得的模拟学习范本。

【教学实践】

　　1.选择自己感兴趣的题材，或国家、或亲情、或爱情、或友情，确定主题，再选择与之相符合的茶叶、茶具，做一个主题茶艺表演设计。

　　2.根据春、夏、秋、冬四季的各自特点，各选择一款适合饮用的茶叶，设计一组茶席。

【复习思考题】

　　1.茶艺表演题材分为哪几类？

　　2.茶席设计时应注意哪几方面的问题？

　　3.根据你对茶艺表演的学习理解，结合具体的茶艺表演设计谈谈你对优秀的茶艺表演的认识。反之，你认为有欠缺的茶艺表演问题出在哪里？

参考文献

［1］吴曦，王辉，裴玉昌.茶艺项目化教程［M］.北京：北京理工大学出版社，2018.

［2］张伟强.茶艺（第二版）［M］.重庆：重庆大学出版社，2017.

［3］邹勇文，赵彤，缪圣桂.中国茶文化与茶艺［M］.北京：中国旅游出版社，2017.

［4］朱亮.茶艺［M］.成都：电子科技大学出版社，2015.

［5］周霞.当代茶艺礼仪简述［J］.商情，2018（33）.

［6］李捷，杨文.中国茶艺基础教程［M］.北京：旅游教育出版社，2017.

［7］张涛.茶艺基础［M］.桂林：广西师范大学出版社，2014.

［8］郑春英.中国茶艺［M］.北京：中国轻工业出版社，2019.

［9］周爱东.茶艺赏析［M］.北京：中国纺织出版社，2019.

［10］李蓝蓝.茶艺基础与实训［M］.郑州：大象出版社，2018.

［11］朱红缨.中国茶文化［M］.北京：中国农业出版社，2018.

［12］陈力群，郭威.茶艺表演阐微［J］.艺苑，2014（2）：47-50.

［13］周佳灵.主题茶会中的茶席设计研究［D］.浙江农林大学，2016.

［14］余悦.茶艺师国家职业技能标准（2018年版）［M］.北京：中国劳动社会保障出版社，2018.

［15］李浩.中国茶道［M］.海口：南海出版社，2007.

［16］陈宗懋.中国茶经［M］.上海：上海文化出版社，2001.

［17］陈文华，余悦.茶艺师·基础知识［M］.北京：中国劳动社会保障出版社，2005.

［18］陈文华，余悦.茶艺师——初级技能、中级技能、高级技能［M］.北京：中国劳动社会保障出版社，2005.

［19］王建荣，吴胜天，阮浩耕.中国茶艺［M］.济南：山东科学技术出版社，2005.

［20］陈文华.中国茶文化学［M］.北京：中国农业出版社，2006.

《茶艺与茶文化》
实训手册

（学生用）

专　　业：_____

班　　级：_____

学　　号：_____

姓　　名：_____

导学教师：_____

编写说明

《茶艺与茶文化实训手册》为《茶艺与茶文化》的配套学生实训手册。目的在于详细记录下学生的实训过程，在一定程度上可以反映出教与学的效果。

实训项目共分为八项，每个项目都是按教学内容设置的。每个项目中，"实训前准备"由学生在实训课前完成，旨在复习巩固相关的理论知识，更好地把理论知识融入实训中；其他内容在实训课上填写，心得体会可以在课后填写。期末务必完成所有内容交给老师，计入平时分。使用的老师可根据自己的教学内容增减。

本实训手册已由云南财经大学教学实践多年，效果良好，但由于开课老师较少，没法广泛征求更多的意见。希望大家在使用中，提出宝贵的建议和反馈。

茶艺室学生实验守则

1. 学生必须按规定的实验开放时间到实验室上实验课，不得迟到早退或无故缺课，严守课堂纪律，听从教师指挥，服从安排，遵守操作规范，否则教师有权请学生离开实验室。

2. 实验前必须认真预习实验内容，明确实验目的、方法和操作步骤，准备接受指导教师提问，没有预习或提问不合格者，须重新预习，方可进行实验。

3. 讲文明，讲礼貌。不高声喧哗，保持实验室安静；不吸烟，不随地吐痰或吃零食，不乱扔纸屑，保持实验室的整洁；不要把与实验无关的食品带入实验室。

4. 实验中不准动用与本实验无关的茶具，不得动用他组的茶具。实验前，按教师规定做好实验的准备工作（备茶、备水、备具），经指导教师检查同意后，方可开始做实作。

5. 因违反操作规程造成茶具损坏或丢失者，须按学院进价照价或等值相应茶具赔偿，并视情节轻重进行批评或纪律处分。

6. 试验准备就绪后，须经指导教师检查同意，方可进行实验。实验中应严格遵守仪器设备操作规程，要严肃认真，以科学的态度完成每次实训。

7. 实验中要爱护茶具，节约用水、用电，不得用桶装水清洗茶具，在实验过程中轻拿轻放茶具，尽量避免茶具损坏。

8. 实验中要注意用水、用电安全，若发生电器故障或其他事故时要保持镇静，应立即切断相关电源等，停止操作，保持现场，报告指导教师，待查明原因或排除故障后，方可继续进行实作。

9. 实验完毕后，将所用茶具进行清理，值日生要最后检查实验室的物品摆放是否整齐，把实验室的卫生彻底打扫干净，仔细检查水、电是否关闭，经指导教师批准后方可离开实验室。

项目一　茶艺师礼仪和修养

周次：第　　周（日期：　　　　　）

地点：

实训目标和要求：通过本章的学习要求学生掌握茶艺师的行茶礼仪，了解正确的站姿、坐姿、走姿等服务姿态是提供良好服务的重要环节，掌握正确的服务姿态的基本要求，培养茶艺人员具备优美的服务姿态。了解茶艺师需具备的修养和素质。

实训内容：站姿、坐姿、走姿、行礼（真礼、草礼）、服装、盘发的简单方法等。

1. 站姿：优美而典雅的站姿，是体现茶艺服务人员自身素养的一个方面，是体现服务人员仪表美的起点和基础。

站姿的基本要求是：站立时直立站好，从正面看，两脚脚跟相靠，脚尖开度在45°~60°。身体重心线应在两脚中间向上穿过脊柱及头部，双腿并拢直立、挺胸、收腹、梗颈。双肩平正，自然放松，双手自然交叉于腹前，双目平视前方，嘴微闭，面带笑容。

2. 坐姿：由于茶艺工作内容所决定，茶艺人员在工作中经常要为客人沏泡各种茶，有时需要坐着进行，因此工作人员良好的坐姿也显得尤为重要。

正确的坐姿：做茶时，挺胸、收腹、头正肩平，肩部不能因为操作动作的改变而左右倾斜。双手不操作时，平放在操作台上，面部表情轻松愉悦，自始至终面带微笑。

3. 走姿：人的走姿是一种动态的美，茶艺人员在工作时经常处于行走的状态中。每个服务员由于诸多方面的原因，在生活中形成了各种各样的行走姿态，或多或少地影响了人体的动态美感。因此，要通过正规训练，使他们掌握正确优美的走姿，并运用到工作中去。

4. 行礼：茶艺表演或服务前，要行真礼，真礼的鞠躬标准是90°，结束表演或服务时，只需行草礼，草礼的鞠躬标准是30°即可。

5. 服装：依据所冲泡茶的类别、环境和民族风俗而定。总的来说，对学生要求整洁得体即可，不要穿牛仔裤，女生可穿裙装或有一定民族元素的服装。

6. 发型：女生最好在泡茶时扎起头发或盘发。课堂上现场为学生演示几款简单的盘法方法。

7. 其他：不浓妆艳抹，女生可化淡妆，但手上不要用护肤品，不涂指甲油，不佩戴过多的首饰。

我的实训内容：

_____

_____

_____

_____

_____

_____

_____

_____

_____

_____

_____

我的心得体会：

_____

_____

_____

_____

_____

_____

_____

_____

_____

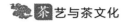

项目二 茶叶的选购

周次：第　　周（日期：　　　　　　　）

地点：

实训目标和要求：走出课堂，到市场中"实战"。理论学习结束后，即带学生到茶叶市场买茶。让学生在实践中学会挑选六大基本茶类。

实训内容：按自愿原则，把学生分成六个小组，每个小组买一种指定茶，要求学生用"一看、二闻、三摸、四品、五比"的方法，从色、香、味、形、价格几个方面，进行茶叶的实际挑选和购买，让学生真正做到理论与实践相结合，教师可在此过程进行现场指导和建议。

实训前准备：给学生事先详细介绍选购方法、行车路线，并分好组。

实训形式：实操训练

实训课时：2 课时

实训指导：教师指导学生选择实训用茶

我的实训内容：

_____

_____

_____

_____

_____

_____

_____

_____

_____
_____
_____
_____

我的心得体会：

_____
_____
_____
_____
_____
_____
_____
_____
_____

项目三　茶具的认识和组合

周次：第　　周（日期：　　　　　　）

地点：

实训目标和要求：通过对本章节的学习，使学生了解各类型茶具的种类、名称和用法，并熟练掌握各种茶的适泡茶具的摆放方法。

实训内容：

1.备水器具（煮水器、随手泡、开水壶）。

2.泡茶器具（茶壶、茶杯、盖碗、泡茶器、茶则、茶叶罐、茶匙）。

3.品茶器具（茶海、公道杯、茶盅、品茗杯、闻香杯）。

4.辅助器具（茶荷、茶碟、茶针、漏斗、茶盘、壶盘、茶巾、茶池、水盂、汤滤、承托、茶匙组合）。

茶具组合是构成茶席设置的基础，也是茶艺表演构成的因素主体之一。其基本特征是实用性和艺术性的融合。实用性是基础，决定其艺术性，而艺术性则服务于实用性。茶具组合表现形式具有整体性、涵盖性和独特性。挑选茶具组合时，需考虑到它的质地、造型、体积、色彩和内涵等诸多方面。

茶具组合分两种类型。一为必不可少的个体，如煮水壶、茶叶罐、茶则、品茗杯等；另一种是功能齐全的茶艺组件，如茶荷、茶碟、茶针、茶夹、茶斗、茶滤、茶盘、茶巾和茶几等。挑选茶具组合时，需在实用性的基础上进行考虑。

茶具组合的技术性主要体现在赏心悦目上，因此在挑选茶具本身时，主要考虑茶具的质地、大小、形状、色彩等。另外，泡茶器皿在整体特配过程中，还需依据茶席类型、时代特征、民俗差异、茶类特性等的不同而采取不同的配置。在茶具的形式和排列上，也需考虑其对称性和协调性。

实训前准备：各种类茶具

实训形式：实操训练

实训课时：2 课时

实训指导：教师指导学生熟练运用各类型茶具

我的实训内容：

_____

_____

_____

_____

_____

_____

_____

_____

_____

_____

我的心得体会：

_____

_____

_____

_____

_____

_____

_____

_____

_____

_____

_____

项目四　玻璃杯具——绿茶的冲泡法

周次： 第　　周（日期：　　　　　　　）

地点：

实训目标： 通过对本章节的学习，使学生学会玻璃杯泡绿茶法。同时掌握凤凰三点头、吊水线和悬壶高冲三种降水温手法和上投法、中投法、下投法三种投茶方法。

实训内容：

1. 用具选择：玻璃茶杯三个、随手泡一个、茶盘一个、茶荷一个、茶道组一套、绿茶适量。

2. 基本程序：①备茶、备水、备具；②温杯、洁具：冰心去尘凡；③赏茶；④投茶：清宫迎佳人；⑤润茶：甘露润莲心；⑥冲水：用凤凰三点头、吊水线和悬壶高冲三种手法依次冲泡，并用上投法、中投法和下投法进行尝试；⑦泡茶：碧玉沉清江；⑧奉茶：观音捧玉瓶；⑨赏茶：春波展旗枪；⑩闻茶：慧心悟茶香；⑪品茶：淡中品至味；⑫谢茶：自斟乐无穷。

3. 碧螺春解说词：洞庭无处不飞翠，碧螺春香万里醉。碧螺春是中国十大名茶之一，属于绿茶。它产于江苏省太湖之滨的洞庭山，所以又称"洞庭碧螺春"。碧螺春条索紧结，蜷曲似螺，边沿上一层均匀的细白绒毛。泡成茶后，色嫩绿明亮，味道清香浓郁，饮后有回甜之感。人们赞道："铜丝条，螺旋形，浑身毛，花香果味，鲜爽生津。"

实训形式：实操训练

实训课时：2 课时

实训指导：教师指导绿茶茶艺表演的手法

实训前准备：

1. 绿茶的分类

2. 绿茶的制作工艺与流程

3. 绿茶的特征（色、香、味、形）

实训记录：

1. 实训用茶

2. 使用茶具

3. 茶具摆放方法

4. 绿茶冲泡具体步骤

5. 开汤品评后对该茶的看法

项目五　盖碗——花茶的冲泡法

周次：第　　周（日期：　　　　　　　）

地点：

实训目标：通过对本章节的学习，使学生了解盖碗泡花茶方法。

实训内容：盖碗茶以花茶为主要用茶。

1. 用具选择：茶海、茶荷、盖碗、茶盘、茶道组、随手泡、茶巾等。

2. 基本程序：①备茶、备水、备具；②入座调息；③温杯、洁具——香汤浴佛；④赏茶——佛祖拈花；⑤投茶——菩萨入狱；⑥冲水——漫天法雨；⑦洗茶——万流归宗；⑧泡茶——涵盖乾坤；⑨敬茶——普度众生；⑩闻香——五气朝元；⑪观色——曹溪观水；⑫品茶——随波逐浪；⑬回味——圆通妙觉；⑭谢茶——再吃茶去。

3. 茉莉花茶解说词：茉莉花茶是将绿茶茶坯和茉莉鲜花进行拼和、窨制，使茶叶吸收花香而成的。外形秀美，毫峰显露，香气浓郁，鲜灵持久，泡饮鲜醇爽口，汤色黄绿明亮，叶底匀嫩晶绿，经久耐泡。

实训形式：实操训练

实训课时：2 课时

实训指导：教师指导花茶茶艺表演的手法

实训前准备：

1. 花茶的分类

2. 花茶的制作工艺与流程

3. 花茶的特征（色、香、味、形）

实训记录：

1. 实训用茶

2. 使用茶具

3. 茶具摆放方法

4. 花茶冲泡具体步骤

5. 开汤品评后对该茶的看法

项目六　功夫茶艺——乌龙点茶法

周次：第　　周（日期：　　　　　　　　）

地点：

实训目标：通过对本章节的学习，使学生了解乌龙茶茶艺方法。

实训内容：乌龙茶以铁观音为实训用茶，教会学生用闻香杯、紫砂壶的冲泡技艺。乌龙茶冲饮方式特别，技艺细致而考究，素有"功夫茶"之称。

1. 用具选择：闻香杯、品茗杯、紫砂壶、公道杯、茶荷、茶道组、茶盘、茶漏、随手泡等。

2. 基本程序：（1）备茶、备水、备具。（2）叶嘉酬宾：请客人观赏茶叶，"叶嘉"是苏东坡用拟人手法，比喻茶中佳美。（3）孟臣沐淋，即烫洗茶壶。孟臣是明代紫砂壶制作名家，后代把明茶壶喻为孟臣壶。（4）白鹤沐浴（洗杯）：把闻香杯的水倒入品茗杯，再倒掉。（5）乌龙入宫／观音上轿（落茶）：把乌龙茶放入紫砂壶内，放茶量约占茶具容量的一半。（6）净洗尘缘（涤尽繁尘）：洗茶。（7）高山流水（冲茶）：悬壶高冲，把滚开的水提高冲入茶壶或盖瓯，使茶叶转动。（8）春风拂面（刮泡沫）：用壶盖或瓯盖轻轻刮去漂浮的白泡沫，使其清新洁净。（9）重洗仙颜：倒水在壶外。（10）观音出海：把壶中茶倒入公道杯。（11）关公巡城／点水留香（倒茶）：把泡一两分钟后的茶水依次巡回注入闻香杯里。（12）韩信点兵（点茶）：茶水倒到少许时要一点一点均匀地滴到各闻香杯里。（13）珠联璧合：将品茗杯倒扣在闻香杯上。（14）鲤鱼翻身（倒转乾坤）：对口杯翻转。（15）热闻。（16）品啜甘霖（喝茶）：乘热细啜，先闻其香，后尝其味，边啜边闻，浅斟细饮。（17）冷闻。（18）谢礼收具。

实训形式：实操训练

实训课时：2 课时

实训指导：教师指导乌龙茶茶艺表演的手法

实训效果：要通过实训，使学生能熟练掌握闽式乌龙茶茶艺手法。

实训前准备：

1. 乌龙茶的分类

2. 乌龙茶的制作工艺与流程

3. 乌龙茶的特征（色、香、味、形）

实训记录：

1. 实训用茶

2. 使用茶具

3. 茶具摆放方法

4. 乌龙茶冲泡具体步骤

5. 开汤品评后对该茶的看法

项目七　紫砂茶壶——红茶的清饮和调饮法

周次：第　　周（日期：　　　　　　　　）

地点：

实训目标：通过对本章节的学习，使学生了解红茶茶艺方法，并教学生利用红茶茶汤做奶茶和果茶的方法。

实训内容：

1. 主要用具：紫砂壶、茶荷、茶巾、茶道组、奉茶盘、茶盘、茶漏、随手泡等。

2. 基本程序：（1）"宝光"初现。（2）清泉初沸。（3）温热壶盏。（4）"王子"入宫。（5）悬壶高冲。（6）分杯敬客。（7）喜闻幽香。（8）观赏汤色。（9）品味鲜爽。（10）再赏余韵。（11）三品得趣。（12）收杯谢客。

3. 先清饮，再调饮。用煮后的红茶制作奶茶和果茶。

实训形式：实操训练

实训课时：2 课时

实训指导：教师指导红茶茶艺表演的手法

实训前准备：

1.红茶的分类

2.红茶的制作工艺与流程

3.红茶的特征（色、香、味、形）

实训记录：

1. 实训用茶

2. 使用茶具

3. 茶具摆放方法

4. 红茶冲泡具体步骤

5. 奶茶制作步骤

6. 果茶制作步骤

7. 开汤品评后对该茶的看法

项目八　普洱茶的冲泡技艺和方法

周次：第　　周（日期：　　　　　　　）

地点：

实训目标：通过对本章节的学习，使学生了解普洱茶的冲泡方法，并教学生利用紫砂壶冲泡熟茶，用盖碗冲泡生茶。

实训内容：

1. 熟茶用具：紫砂壶、品茗杯、茶荷、茶巾、茶道组、奉茶盘、茶盘、茶漏、随手泡等。

2. 生茶用具：盖碗、品茗杯、茶荷、茶巾、茶道组、奉茶盘、茶盘、茶漏、随手泡等。

3. 基本程序：（1）备茶、备水、备具。（2）赏茶：从茶饼或沱茶上取茶若干，置之茶碟，先欣赏干茶外形。（3）温杯、洁具：用沸水温壶、杯，既热壶，又洁净茶壶。（4）置茶：投茶。（5）洗茶：可用洗茶法，第一泡可弃去茶汤，以涤茶。（6）沏泡：注入沸水，亦可稍作煎煮状，品质表现更佳。（7）分茶：壶或罐中茶汤注入小茶盅中，可用"关公巡城""韩信点兵"技法。（8）奉茶。（9）品茶。（10）收茶谢礼。

实训前准备：

1. 普洱熟茶的分类

2. 普洱熟茶的制作工艺与流程

3. 普洱熟茶的特征（色、香、味、形）

实训记录：

1. 实训用茶

2. 使用茶具

3. 茶具摆放方法

4. 普洱熟茶冲泡具体步骤

5. 开汤品评后对普洱熟茶的看法

实训前准备：

1. 普洱生茶的分类

2. 普洱生茶的制作工艺与流程

3. 普洱生茶的特征（色、香、味、形）

实训记录：

1. 实训用茶

2. 使用茶具

3. 茶具摆放方法

4. 普洱生茶冲泡具体步骤

5. 开汤品评后对普洱生茶的看法

学习《茶艺与茶文化》实训课程的心得体会：